河南省中等职业教育规划教材
河南省中等职业教育校企合作精品教材

美容美甲

河南省职业技术教育教学研究室 编

電子工業出版社
Publishing House of Electronics Industry
北京 • BEIJING

内 容 简 介

本书总结了编者从事美容美甲行业多年的工作经验和教学经验，同时参考大量相关书籍编写而成，实用性强，可供中职学生更快更好地学习专业理论知识及实操。本书内容以美容美甲为主，依次编写了美容院的接待服务、护理美容的详细步骤、美容院常用仪器介绍及特色项目、修饰面部及整体美容等课程，另外详细讲解了美甲基础知识及水晶甲的详细操作步骤等美甲内容。

本书可供中等职业学校美容美发专业学生使用，也可作为成人教育培训班的培训教材，还可作为广大美容化妆爱好者的自学教材。

图书在版编目（CIP）数据

美容美甲 / 河南省职业技术教育教学研究室编 . — 北京：电子工业出版社，2016.1
ISBN 978-7-121-27756-6

Ⅰ . ①美… Ⅱ . ①河… Ⅲ . ①美容－中等专业学校－教材 ②指（趾）甲－美容－中等专业学校－教材
Ⅳ . ① TS974.1

中国版本图书馆 CIP 数据核字（2015）第 294600 号

策划编辑：徐 玲
责任编辑：王凌燕
印　　刷：中国电影出版社印刷厂
装　　订：中国电影出版社印刷厂
出版发行：电子工业出版社
　　　　　北京市海淀区万寿路 173 信箱　邮编 100036
开　　本：787×1 092　1/16　印张：11.5　字数：294.4 千字
版　　次：2016 年 1 月第 1 版
印　　次：2023 年 8 月第 9 次印刷
定　　价：47.00 元

凡所购买电子工业出版社图书有缺损问题，请向购买书店调换。若书店售缺，请与本社发行部联系，联系及邮购电话：（010）88254888，88258888。

质量投诉请发邮件至 zlts@phei.com.cn，盗版侵权举报请发邮件至 dbqq@phei.com.cn。

本书咨询联系方式：xuling@phei.com.cn。

河南省中等职业教育校企合作精品教材

出版说明

为深入贯彻落实《河南省职业教育校企合作促进办法（试行）》（豫政[2012]48号）精神，切实推进职教攻坚二期工程，我们在深入行业、企业、职业院校调研的基础上，经过充分论证，按照校企“1+1”双主编与校企编者“1 ∶ 1”的原则要求，组织有关职业院校一线骨干教师和行业、企业专家，编写了河南省中等职业学校美容美发专业的校企合作精品教材。

这套校企合作精品教材的特点主要体现在：一是注重与行业联系，实现专业课程内容与职业标准对接，学历证书与职业资格证书对接；二是注重与企业的联系，将“新技术、新知识、新工艺、新方法”及时编入教材，使教材内容更具有前瞻性、针对性和实用性；三是反映技术技能型人才培养规律，把职业岗位需要的技能、知识、素质有机地整合到一起，真正实现教材由以知识体系为主向以技能体系为主的跨越；四是教学过程对接生产过程，充分体现“做中学，做中教”、“做、学、教”一体化的职业教育教学特色。我们力争通过本套教材的出版和使用，为全面推行“校企合作、工学结合、顶岗实习”人才培养模式的实施提供教材保障，为深入推进职业教育校企合作做出贡献。

在这套校企合作精品教材编写过程中，校企双方编写人员力求体现校企合作精神，努力将教材高质量地呈现给广大师生，但由于本次教材编写是一次创新性的工作，书中难免存在不足之处，敬请读者提出宝贵意见和建议。

河南省职业技术教育教学研究室
2015年5月

河南省中等职业教育校企合作精品教材

编写委员会名单

前 言

本套“形象设计”系列教材一共有三本：《美发与造型设计》、《化妆与盘发》、《美容美甲》，是根据《河南省人民政府关于加快推进职业教育攻坚工作的若干意见》（豫政[2010]1 号）、教育部《中等职业教育改革创新行动计划 (2010—2012)》等文件精神编写的，主要作为中等职业学校美发与形象设计专业学生使用的精品教材。本书在编写过程中体现出以下特色：

一是与时俱进性。美容界有这样一种说法：“20 世纪 60 年代讲化妆，70 年代讲香水，80 年代讲健美，90 年代讲美容，21 世纪讲形象。”对一个人进行全方位的整体形象设计，是社会经济发展到一定阶段的必然产物。本教材与时代发展相结合，每个模块都在强调对整体形象的把握，达到整体的协调统一。

二是实用性。本教材以基础知识“必需”、理论知识“够用”、基本技术“会用”为原则，强化学生的操作训练，理实一体；建设“项目 - 任务”的新模式，在每个任务下设任务情景、任务要求、任务实施、牛刀小试 4 个部分，使教材内容简练、实用，适应现代职业教育发展的需要。

三是图文并茂，有吸引性。本教材充分反映了当前该行业的最新产品、技术及研究成果，新颖又准确；依据中职学生“学习动力弱”的特点，与现实生活情景相结合，以丰富的图片内容为主，文字论述为辅，吸引学生的注意力。

四是岗位性。本教材力求改变原有的以学科为主线的课堂模式，而是以就业为导向，尝试构建以岗位能力为本位的专业课程，将企业先进的管理及服务理念贯穿整部教材，注重学生的职业综合能力培养。

全书共由 8 个项目、28 个任务组成，建议教学学时为 224 学时，具体学时分配见下表（供参考）。

项　目	任　务	理论课时	实操课时
项目一 美容的发展史	任务一 中外美容发展简史	1	0
	任务二 现代美容发展过程	1	0
	任务三 美容业的发展趋势	1	0
	任务四 美容师手操训练	3	10
项目二 美容院接待	任务一 接待	4	4
	任务二 咨询与指导	3	3
项目三 面部护理	任务一 皮肤的基本结构和功能	1	1
	任务二 面部皮肤基础护理	6	20
	任务三 面部按摩	4	10
	任务四 面膜的分类与作用	2	6
	任务五 案例分析	4	8

续表

项　目	任　务	理论课时	实操课时
项目四　身体皮肤护理	任务一　皮肤生理知识	1	0
	任务二　身体皮肤护理流程及方法	4	10
	任务三　肩、颈、头部按摩	6	12
	任务四　手部护理	3	8
	任务五　全身皮肤日常养护	1	1
	任务六　常见问题皮肤对护肤类化妆品的选择	1	1
项目五　特殊护理	任务一　眼部皮肤护理	2	6
	任务二　唇部皮肤护理	2	6
项目六　修饰美容	任务一　脱毛	4	8
	任务二　美睫	4	8
项目七　美容院常用仪器	任务一　美容护理常用仪器	4	2
项目八　美甲	任务一　美甲师基本礼仪	1	1
	任务二　美甲基础知识	1	1
	任务三　美甲的工具和产品	2	1
	任务四　贴片甲	3	8
	任务五　甲片的卸除	2	4
	任务六　水晶甲的制作	4	10
合　计	224	75	149

本教材由河南辅读中等职业学校（国家级重点学校、河南省特色学校）编写，由高强校长任项目负责人，于俐担任主编，孟春玲、马晓明担任副主编，参与编写的还有孙彦丽、司国力。图片由李双双国际美容机构和河南辅读中等职业学校联合拍摄。在编写过程中，得到李双双国际美容机构、河南辅读中等职业学校摄影协会的大力支持，在此一并表示感谢。

由于编者水平有限，书中难免有不足或遗漏之处，敬请读者提出宝贵的建议和意见，以便今后修改，使其日臻完善。

编　者

2015 年 6 月

目 录

项目三 面部护理

项目四 身体皮肤护理

项目一　美容的发展史

项目引领

图 1-1　现代美容产品——精油

《诗经》云："窈窕淑女，君子好逑。"爱美是人的天性。自古以来人们就追求容貌美，宋代大诗人苏轼有诗句曰：欲把西湖比西子，淡妆浓抹总相宜。"浓妆淡抹"就是古人追求容貌美的体现。而随着现代美容业的繁荣，各种美容产品上市（如图 1–1 所示），各种档次与特色的美容机构更是让更多的爱美女性"芙蓉如面"。那么，美容行业到底是如何发展壮大起来的呢？项目一将带领同学们了解中外美容发展历史、现代美容发展过程及美容发展的趋势等内容。

项目目标

知识目标：

1. 掌握中外美容发展简史。
2. 掌握现代美容的发展过程。
3. 掌握美容业的发展趋势。

技能目标：

掌握美容师基本手操练习技巧。

任务一　中外美容发展简史

任务情景

美容师以美学为主导，以皮肤护理为基础，以化妆技巧为手段，采用先进的美容仪器，配合多种按摩手法和与之相适应的化妆品，以及运用医学手术等方法，有效预防和改善皮肤问题，延缓皮肤衰老，达到皮肤细腻光泽、健康美丽的目的。随着人类社会的发展，美容从形式到内容也在不断地发展变化，美容的发展历史，在一定程度上反映了各个时期、各个民族的政治、经济、文化的兴衰过程。

任务要求

了解中外美容发展简史。

知识准备

一、认识中国美容发展史

中国美容发展历史源远流长，过程如表 1-1 所示。

表 1-1　中国美容发展过程一览表

时期	内容
上古三代时期	“禹选粉”、“纣烧铅锡作粉”、“周文王敷粉以饰面”等都真实地记录了护肤美容与帝王的切身联系，表现出人类追求美的迫切愿望
春秋战国时期	“粉敷面”、“黛画眉”盛极一时，华夏美容史正式揭开了序幕
两汉时期	美发、美容技术在质与量两方面都有了提高。在文字上出现了“妆饰”、“扮妆”等词汇，美容开始普及，化妆的用品也随之进一步发展。《毛诗疏·注》中说：“兰，香草也。汉宫中种之可着粉。”可见当时已能制作化妆用的粉，而且也有专门从事制作化妆品的人
盛唐时期	文化繁荣，国际交流广泛，生活化妆有长足的发展 。眉型有时兴阔而浓，有时兴尖而细长。例如，唐朝的杨贵妃，摒弃浓妆艳抹，讲究淡妆轻扫，以杏仁，滑石，轻粉制成杨太真玉青敷面
宋代	人们同样注重皮肤的养护，并沿袭和发展了唐代以来的美容秘方，美容术不断提高，制出了专门用于美容的珍珠膏
元代	一些北方游牧民族的妇女盛行“黄妆”，即在冬季用一种黄粉涂面，直到春暖花开才洗去。这种粉是将一种药用植物的茎碾成的粉末，能抵御寒风砂砾侵袭
明代	用珍珠粉擦脸，使皮肤滋润。名医李时珍将医学与养生紧密结合，编辑出巨著《本草纲目》，书中记载了大量的既是药物又是食物，既营养肌肤又美化容颜的验方。主张内调
清代	宫廷的美容方法集历代之大成，进而再筛选和补充，同时比较注重饮食营养，形成了一套系列化的养颜健体的独特方法。慈禧太后用鸡蛋清抹脸，身洒西桂汁，口服珍珠蜜，沐浴用人乳
新中国成立后	医学、生物学、化学、物理学、营养学和遗传学的发展，使人们能从科学的角度掌握皮肤的生理及病理的内外因果关系。改革开放以后，美容业更是欣欣向荣，科学技术的日新月异，美容仪器的发展，使人们能够做到手工很难完成的细致工作。护肤用品，护发用品，化妆用品应运而生

二、认识西方国家美容发展史

西方国家的美容发展过程也有明显的时代痕迹，各个时期的特点如表 1-2 所示。

表 1-2 西方国家各时代美容特点一览表

中古时期（476—1450）	宗教活动中的人们留精美发型，使用护肤品来保养皮肤和头发。富裕人家使用香油洗澡
文艺复兴时期	美容被大大弘扬，蒸汽浴、各种香料浴用来保养身体，以使皮肤柔嫩细腻
16 世纪	哥伦布发现新大陆，美洲的各种香料源源不断地运往欧洲，于是西方社会很快掀起一股擦香水的热潮。在英国，用蛋壳粉、明矾、杏仁、蔬菜、乳类等制作面膏敷面非常流行
17 世纪末期	巴黎的妇女流行点黑痣的化妆术，黑痣的形状分为星状、月牙状和圆形，一般多点缀于额、鼻、两颊和唇边，偶尔也有点缀于腹部和两腿内侧的
18 世纪	18 世纪初期，男性美容风盛行，他们在脸部涂脂抹粉，为了美容宁可剃掉美丽的金色卷发而戴上假发套。18 世纪中晚期，妇女对容貌的美丽重视程度更是到了极点
19 世纪	历史上被认为最朴素的时代，这个时代的服饰、发型及化妆也深受保守作风的影响。除了上剧院外，妇女极少做脸部化妆，她们宁愿用手捏面颊及嘴唇来形成自然的红色，也不愿用唇膏、胭脂等化妆品，对发型的梳理也极为简单
20 世纪 20 年代	工业革命带来经济的繁荣，同时受到无声电影的影响，护肤品、护发品大量上市，妇女们广泛使用眼部化妆品、口红及腮红等
20 世纪 50 年代至 60 年代	美容院、按摩院在各地纷纷成立，化妆走进了大多数家庭，各种各样的化妆品充斥着整个市场，浓黑的眼线和假睫毛开始流行，而面颊及嘴唇颜色较淡
20 世纪 70 年代	美容业发生了令人兴奋的改变，许多新的化妆品及保养品纷纷上市。皮肤的保养更趋科学化，美容院由单项服务变为多项或全套服务
20 世纪 90 年代	为了延缓皮肤老化，各种生化科技产品推向市场，美容已将现代医学、化学、解剖学乃至整个生物学紧密结合在一起，美容技术正在向高科技领域发展

任务二　现代美容发展过程

任务情景

20世纪80年代初、中期，美容由香港传入中国大陆。经过改革开放的洗礼，如今市场上美容院林立，各种各样的美容项目层出不穷。现代美容业达到空前的繁荣。

任务要求

了解现代美容发展过程。

知识准备

认真阅读下面的内容，认识现代美容业的发展概况。

20世纪初—20年代	经济的大萧条和第一次世界大战的结束，使欧洲社会渴望温情的家庭生活，女性们的化妆较为自然，唇色较为突出，女性们追求身体的线条美
20世纪30年代	30年代的人们深受新闻媒介的影响，人们大量获取最新的流行信息。电烫发的发明使妇女的发型有了更多的变化，当时的女性为金黄色的波浪形卷发、细弯的眉毛以及鲜艳的唇色所着迷。此时的造型趋于华贵、艳丽，人们争相效仿。而男子则以光滑的头发及整洁的胡子为时尚
20世纪40年代	第二次世界大战使得男人们大多应征入伍，军人刚毅的形象成为流行，女性脱下裙装而穿上裤装以适应战争时期工作的需要。发型趋于简洁，自然浅淡的妆容逐渐取代了30年代的艳丽形象。染睫毛成为当时的时尚，战争反而使化妆品销售增长
20世纪50—60年代	战后的经济复苏使人们对美容化妆产生了更大的兴趣，成熟优雅的女性形象又成为崇尚对象，化妆逐渐趋于浓艳但妆面细腻，突出眼、唇的修饰，黑黑的眼线和假睫毛将眼睛刻画得明亮，红艳的丰唇娇美动人，服装的款式简单但强调女性的曲线，细眉又受到欢迎
20世纪70年代	社会经济及科技的进步，使美容业得到令人兴奋的改变，许多新的化妆品及保养品纷纷上市，皮肤的保养更趋向多元化。人们注重自身的特点，不再刻意模仿明星的装扮，对时尚的推崇开始分流，逐渐向个性发展。然而生活的富足与无忧使得追求享受、寻求刺激的年轻一代感到精神上的空虚，由此出现了“朋克”一族
20世纪80年代	80年代是科技高速发展的年代，科学技术的不断进步也使美容业有了长足的进步。美容界纷纷推出新型的美容品和美容方法，人们重视个人生活品味并注重修饰，求新求异，成为此时期的特色，流行转变的速度很快。到80年代后期，因受复古风潮的影响，人们又开始逐渐转向追求自然。这时期，美容由香港传入中国大陆，中国美容业开始崛起
20世纪90年代	90年代的人们倡导“返璞归真、回归自然”，因此带动了服饰休闲化的潮流。人们对追求流行变化的兴趣转淡，而更重视可延续的流行、个人风格的建立。化妆与发型进一步向多元化发展并注重整体风格与个性的统一

牛刀小试

你能查阅有关资料，了解中国现代美容业的发展过程吗？

任务三　美容业的发展趋势

任务情景

21 世纪的美容业将朝着多元化的方向发展，人们不再盲目追赶潮流，而是重视个性的体现；以人为本的服务思想，将成为美容业的主导；对“回归自然”的追求将使天然化妆品日益走俏，高科技的渗入会使美容业的技艺发展更为迅猛。

任务要求

了解美容业的发展趋势。

知识准备

美容业的发展趋势如下：

趋势一

美容市场将会更加繁荣。一批批具有独特功效的美容护肤化妆品和更具科学性的美容仪器陆续推向市场，并且随着科学技术的进步和行业的发展，这些仪器也将不断更新换代。美容仪器的不断更新和美容手段科技含量的不断提高，对美容业的发展壮大起着积极的推动作用。

趋势二

随着物质生活水平的提高，一些专业化的美容设备开始进入家庭，美容的作用日益为人们所认知，专业美容与大众美容紧密结合，高度的技术化而又简便易行的美容方法，将成为大众期待的美容发展目标。

趋势三

美容与皮肤保养将与古老的中医药养颜方法相结合，并用现代科技发掘传统医药中的养颜精髓为现代人服务。

趋势四

21 世纪的美容技术将与现代医学、高科技手段、高科技产品相结合，依托于高品质的服务，达到更具有科学性和实效性的皮肤护理效果。

任务四　美容师手操训练

美容师的手操练习技巧如下：

1. 甩手运动

动作要领：两臂于胸前自然弯曲，前臂平端，食指指尖向下，双手手腕放松，在胸前快速上、下、左、右甩动，如图 1-2 所示。

作用：可以促进手部血液循环，活动腕部关节。

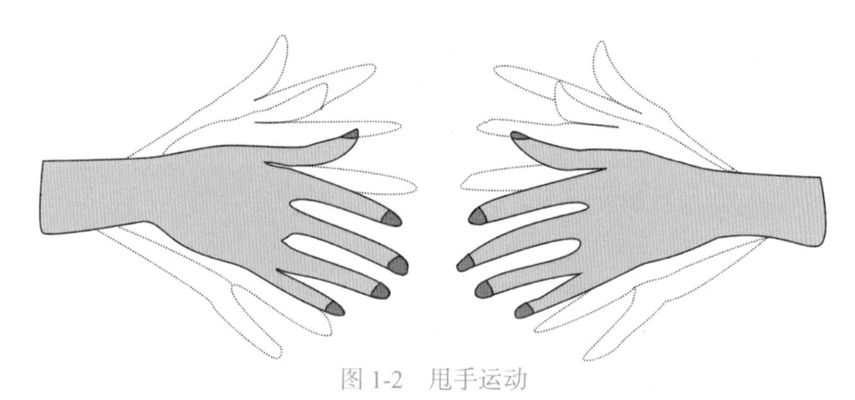

图 1-2　甩手运动

2. 抓球运动

动作要领：曲肘、双手握拳、与胸平齐，掌心向外，假想手中各紧握一个小球，甩动前臂，用力将想象中的小球“掷出”。“掷出”时，手指尽量张开并向手背方向绷紧，如图 1-3 所示。

作用：增强手部及手腕的力量，拉伸掌部韧带。

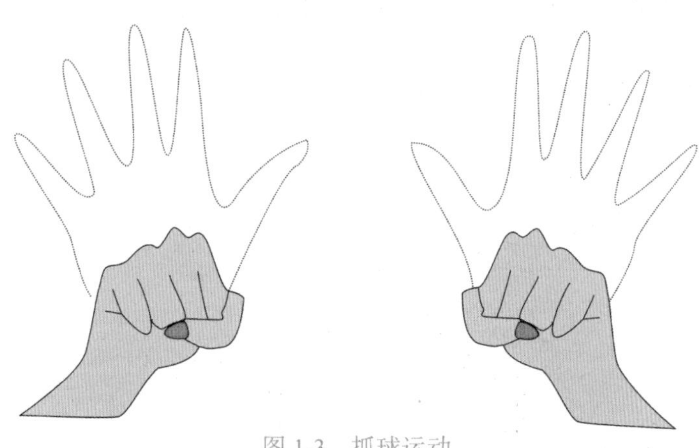

图 1-3　抓球运动

3. 旋腕运动

动作要领：两臂相对弯曲，十指相互交叉对握，分别向前、后、左、右旋转，如图 1-4 所示。

作用：活动腕关节。

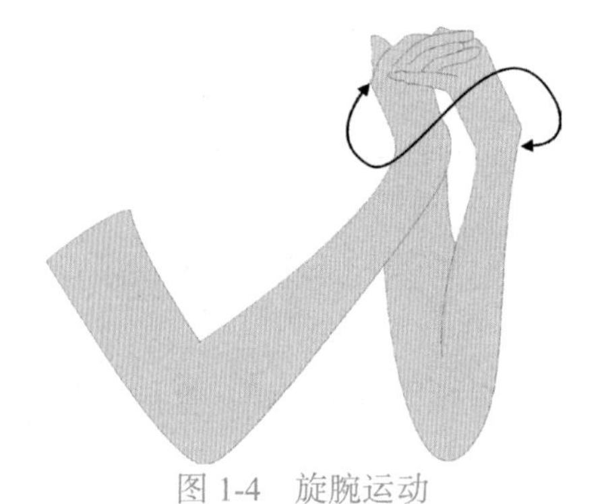

图 1-4 旋腕运动

4. 压掌运动

动作要领：两手并拢，与胸平齐，双手指尖向上，在胸前合十，尽量用力弯曲左手腕，然后再换右手腕，如此交替左右压腕、推掌，如图 1-5 所示。

作用：增加手部和手腕的力量和柔韧度。

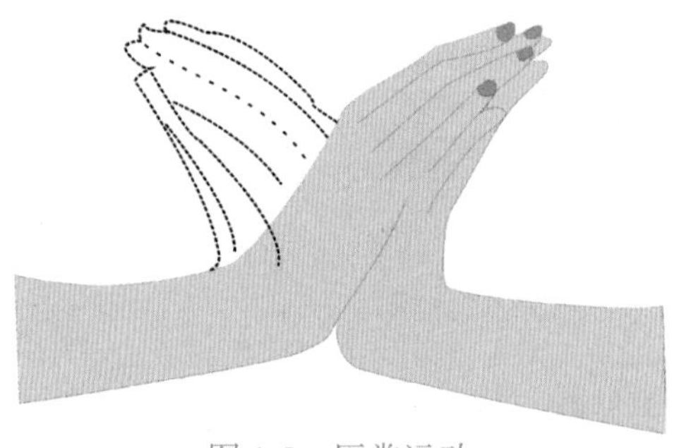

图 1-5 压掌运动

5. 弹琴运动

动作要领：五指自然分开，指关节微屈，掌心向下。从拇指开始分别以 5 个手指指端有节奏地轻弹桌面或膝盖，然后再由小指弹回拇指，动作要快、连贯、指尖尽量抬高，如图 1-6 所示。

作用：可控制手部，增强手指间的协调性。

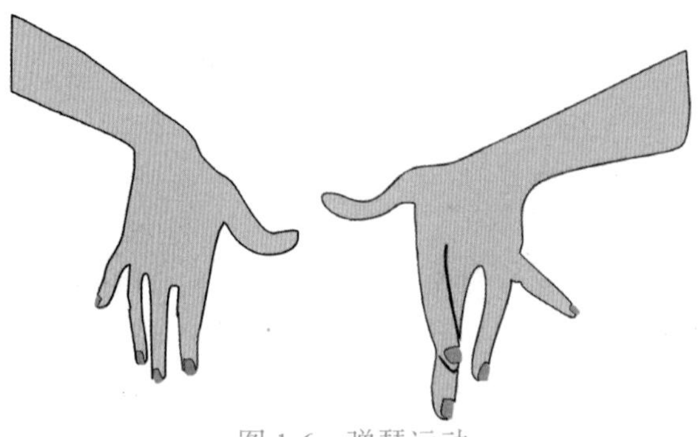

图 1-6 弹琴运动

6. 拉指运动

动作要领：双手十指相互交叉于手指根部，肘部抬高，与肩同平，掌心向下，双手用力向两旁拉开，如图 1-7 所示。

作用：促进血液循环，保持良好手形。

图 1-7　拉指运动

7. 正向轮指运动

动作要领：双手指掌关节微屈，手指绷直，在向内侧旋腕的同时，从食指依次至小指分别带向掌心，此后食指至小指均收入掌心，成握拳状，拇指仍伸向手背部，如图 1-8 所示。

作用：增强手指和指掌关节的灵活性及手指间的协调性。

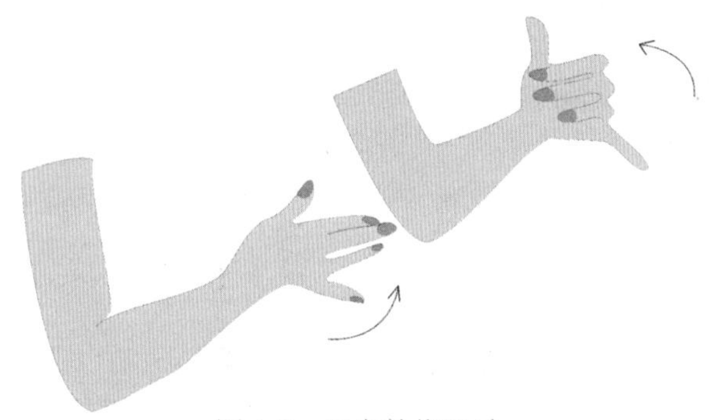

图 1-8　正向轮指运动

8. 反向轮指运动

动作要领：双手指掌关节微屈，手指绷直，在向外侧旋腕的同时，从小指依次至食指分别带向掌心，此后小指至食指均收入掌心，成握拳状，拇指仍伸向手背部，如图 1-9 所示。

作用：增强手指和指掌关节的灵活性及手指间的协调性。

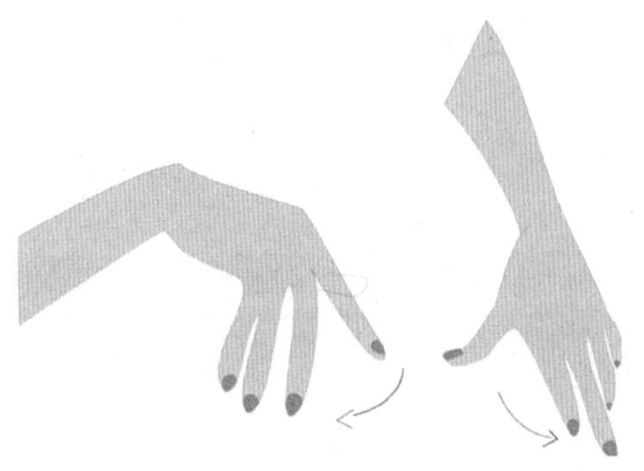

图 1-9　反向轮指运动

9. 指关节运动

动作要领：双手曲肘上举，与胸平齐，手指伸直，指尖向上，掌心相对，随着节拍从

第一指关节开始向下弯曲，最后至掌心握拳。整个过程均需假想用力，如图 1-10 所示。

作用：增强手指力量及控制能力。

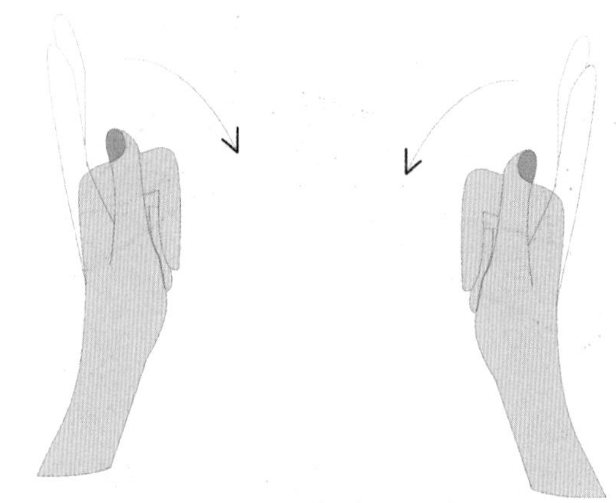

图 1-10　指关节运动

10. 手腕绕圈运动

动作要领：双手握拳，与胸平齐，在手腕处做绕圈动作，再反方向做绕圈动作，如图 1-11 所示。

作用：增强手腕的力量和灵活性。

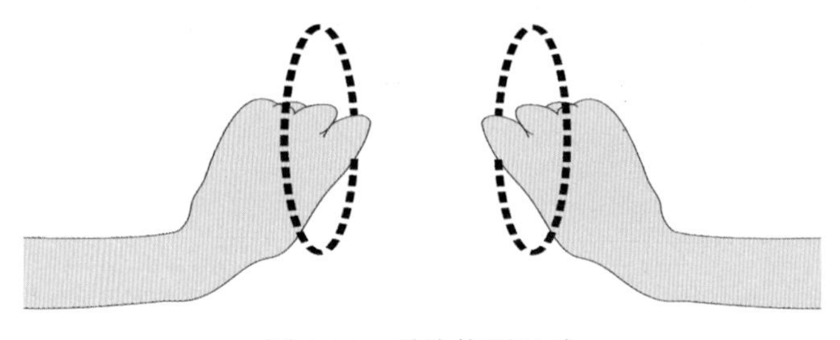

图 1-11　手腕绕圈运动

牛刀小试

参照以上图片，熟练掌握美容师基本手操练习技巧。

项目二　美容院接待

项目引领

顾客走进美容院，既享受美容服务项目，又能放松心情（如图 2-1 所示），将一天中的生活压力和工作压力释放出来，找回美丽和自信。那么，作为美容导师，如何第一时间赢得顾客的欢迎和信赖呢？项目二将为大家一一讲述这些技能。

图 2-1　美容院接待服务

项目目标

知识目标：

1. 掌握美容院接待的流程及基本礼仪要求。
2. 掌握接待顾客常用的语言及表达要求。

技能目标：

1. 了解接待的作用和职能。
2. 掌握迎送和引导的语言、神情、姿态要求、接听顾客电话的方法。

任务一　接　待

任务情景

今天是美容师王璐璐第一天来美容院上班。化一个淡妆，穿上漂亮的工作服，王璐璐对着镜子里美丽的自己，自信地微笑。接下来，她要等待今天的第一位顾客到来。

任务要求

请以王璐璐的身份，完成对顾客的接待。

知识准备

一、接待的基础知识

（一）接待的作用

人们上美容院寻求皮肤保养及护理的原因很多，通常情况是由于顾客已认识到皮肤保养及护理有助于改善皮肤问题，有助于保持皮肤的健康靓丽。面对日益激烈的行业竞争，美容院想要吸引、留住顾客，需要做好三个方面的工作：一是店面形象，二是接待服务，三是技术水平。好的店面形象、良好的接待服务和专业过硬的技术本身就是美容院的最佳广告，能让顾客信赖，也有利于传播美容院声誉。顾客在美容院中逗留的时间一般都比较长，要使顾客在长时间的停留中始终保持愉快的心情，并不是一件容易的事。

经过调查发现，顾客走进美容院后，从门口到接受美容服务前的这段时间中，顾客已经对美容院做出了60%左右的评价。因此，接待服务是三个要素中至关重要的一个环节，直接带给美容院正面或负面的影响。接待技巧水平的高低，不仅仅是美容师个人素质的表现，也是决定美容院效益好坏的关键。

（二）接待柜台的主要职能

美容院一般设有接待柜台（如图2-2所示），柜台是顾客进店后接受服务的第一场所，其职能有：

（1）迎接顾客。

（2）介绍美容院的服务项目。听取顾客对美容服务的需求，并且回答顾客一些美容方面的简单咨询。

（3）妥善保管顾客的美容登记卡，并能迅速找出顾客过去的美容记录。

（4）保管顾客随身携带的物品和衣服。

（5）引导顾客到达服务点，并把顾客介绍给美容师。

（6）计算顾客的美容费用并收费。
（7）负责招呼等待的顾客。
（8）照顾顾客离开。
（9）接听电话，回答咨询；接受预约，安排时间。

图 2-2 美容院接待柜台

二、掌握迎送与引导的相关知识、技巧

接待中迎送和引导两个关键环节有一定的共性，即负责接待的美容师都需要运用一定的体态语言来表达。这两个环节能否做好，往往体现出美容师业务水平和素质修养的高低。要做好这两个环节，必须注意两方面细节：一是迎送的语言，二是引导的方法及用语。

（一）迎送时的语言要求——语气、语调、声音、语速

迎送阶段应给顾客留下良好的第一印象，好的第一印象能拉近美容院与顾客之间的距离。具体来说，当顾客进店时，负责接待的美容师要面向顾客、微笑相迎、亲切问候，因为一个微笑和一个友好的问候能给陌生人留下美好印象，减轻初次见面的拘束感和生疏感。这就要求美容师在迎接顾客时要恰当使用迎接用语，以感染顾客，使之消除拘束感，产生宾至如归的感觉，使顾客对美容院有更亲切的感受。

1. 迎接用语

在人际交往中，迎接用语一般不外乎“欢迎光临”、“请”、“您好”等，但要使这些常用语说出来时，让顾客感觉到是真诚的、发自内心的，而不是机械重复、千篇一律的，这就需要注意说话时的语气和语调。同样的话语，不同的语气、语调、语速等，可以反映出不同的感情和态度。

（1）语气。委婉的语气更能体现对顾客的尊重。美容师在迎接顾客时，禁止使用命令式语气，而应多用请求式、商量式的语气。比如正逢业务繁忙，可以用“真对不起，请您稍等一会儿好吗？”“很不巧，要耽误您一会儿时间，先休息一下好吗？”

（2）语调。语调是人流露真情的一个窗口。语调的抑扬顿挫体现了一个人的感情与态度。美容师轻柔舒缓、委婉温和的语调能很快缩短与顾客之间的距离，吸引和感染顾客；而粗直无礼、单调无力的语调则会排斥顾客，使人反感。美容师切忌拿腔拿调、矫揉造作。

（3）声音。美容师说话的声音应当是自然、圆润、悦耳的，音量适中，既利于与顾客交流，又展示了自身稳重文雅的形象。

（4）语速。美容师适当的语速，既能表达清楚，又可使顾客情绪放松。如果说话的语速过慢，经由耳朵传到大脑的信息间隔时间长，便会导致听话的人思想开小差；如果语速过快，又会使人应接不暇、精神紧张。

2. 道别用语

道别用语可以使顾客感受到善始善终的服务。因此不能忽视最后的这个环节，应保持圆满的服务。

道别时注意观察顾客的神情，了解顾客的满意程度。除了说“再见”以外，还可以主动征询顾客对服务的意见，如：“不知道您对本次服务是否满意。”“如果您对我们的服务感到满意的话，欢迎下次光临。”“也许我们的服务还未能使您完全满意，请致电一下好吗？”此类用语，可使顾客感到周到、细致，得到心理上的满足。

送别时，恰到好处地表达对顾客的关怀和体贴，可以起到锦上添花的作用。比如说：“下雨了，小心路滑。”“天黑了，请走好。”“您带着小孩，请注意安全。”传送充满爱心的送别语，让顾客有亲切、温暖的感受。

（二）迎送时的神情和姿态要求

1. 迎送时的神情要求——微笑和目光

表情在人际交往中能起到很重要的作用，表情的自然流露是心理活动和思想情绪的展示。美容师美好且具有感染力的神情不仅是心情愉悦的反映，也是职业的需要。

微笑是人际交往中最具吸引力、最有价值的面部表情。美容师在迎送顾客时，若能恰如其分地运用微笑，将有助于促进与顾客的沟通交流，传递感情，消除陌生感和拘束感。“微笑服务”是评价服务质量高低的重要标志之一，它深受顾客欢迎。

需要指出的是，充满魅力的职业微笑并非是天生就会的，而是需要经过必要、反复地训练才能拥有的。同时应根据美容师的职业特点，以发自内心的微笑来表示对顾客的敬意，切忌夸张和过火。

目光是最具表现力的一种体态语言。在迎送顾客时，要注意用坦然、亲切、友好、和善的目光正视顾客的眼睛，让眼睛说话，从眼睛中流露出对顾客的欢迎和关切之意。不能东瞟西看，漫不经心，也不能用俯视和斜视的目光，应与顾客的视线齐平以示专心致志和尊重。切忌死死盯着顾客的眼睛或身体的某个部位，这样做极不礼貌。同时还应注意从顾客的目光中发现其需求，并主动询问及提供服务，以免错过与顾客沟通的机会。

笑容和目光是美容师面部表情的核心，抓住了此核心，迎送工作就会充满活力。

2. 迎送时的姿态要求——行礼及手势

迎送时还要注意自身的姿态是否正确（如图 2-3、图 2-4 所示）。姿态包括两个要素：行礼及手势。

顾客进店时，应主动为其打开门，边问好边行 45 度或 15 度的鞠躬礼。行礼时，美容师要双手轻轻重叠，置于两腿前方中央处，目视对方，面带微笑，表示欢迎，并退步做“请进”的手势，运用手势时要避免动作生硬，给人滑稽之感。规范的手势为五指并拢伸直，掌心向上，手掌平面与地面成 45 度角。手掌与手臂成直线，肘关节弯曲 140 度。手掌指示方向时，以肘关节或肩关节为轴，上体稍向前倾，以示尊重。

图 2-3 基本礼仪展示（站姿）

图 2-4 基本礼仪展示（蹲姿）

3. 迎送时的其他要求

（1）美容师不可边与别人说笑边接待顾客，不可把手插于衣袋里或抱着胳膊、倒背着手等。

（2）与顾客道别时应恭立行礼，送上“欢迎下次光临”之类的道别语，送顾客离去时应等顾客离去后再回头。

（3）同时有几位顾客进门时，要做到“接一顾二招呼三”，切不可冷遇任何一位顾客。

（4）营业时间快结束时，不能马虎待之，更应礼貌周到。

（5）随时观察顾客的反应，有需求时及时提供服务，例如在顾客等待、休息时为顾客准备好饮品、送上报纸杂志等。

（6）递物时，双手将物品拿在胸前递出，物品尖端不可指向对方，或者是一只手拿着东西，直接放在对方手里。接物时，两臂要适当内合，自然将手伸出，两手持物，五指并拢。

（三）引导

如图 2-5、图 2-6 所示，引导是明确顾客的服务要求后，将其引领至护理区接受美容师的护理服务。引导的手势及动作是体现美容师修养的一个重要环节。

图 2-5 引导顾客

图 2-6 引导顾客进入美容室

引导的基本要领有三点，即清楚、适当、让顾客感觉舒服。正确的引领方法为：礼貌地对顾客说“请您跟我来”，走在顾客左前方，视线交互落在顾客的脚跟和行进方向之间，碰到转角或台阶时，要目视顾客，并以手势指示方向，对顾客说“请往这边走……”“请注意台阶”之类的提示语。尽量使整个程序流畅，自始至终做到笑容可掬、言语诚恳、礼貌周到、有礼有节、亲切随和，这样能加深顾客的好感。如果出于礼貌考虑让顾客走在前面，则会显得本末倒置，失去引导的意义。

引导至服务点时，如需推门，则应以左手轻轻推转门右侧方的把手，顺势进入，换右手扶住门，同时左手做出引客入门的姿势，侧身微笑着招呼顾客“请进”，等顾客进门后，面向顾客退出，并顺手将门轻轻带上。

引导的语言与迎送的语言要求一样，应礼貌，具有亲和力，但内容有所不同。引导的语气一般有肯定式和征询式两种，如“这边请”“请跟我来，好吗？”等。引导顾客进入护理区过程中，可简要介绍美容院的有关情况，如大体布局、功能分区等，但切忌让顾客感觉是在向其推销某些服务。对于顾客的提问，应耐心细致地回答，尤其要注意揣摩顾客的心理需求，使引导这个过渡阶段成为良好服务的一个环节。

三、掌握接听电话的技巧

电话是一种宣传交际方式，人们通过声音了解对方的意图、性格、情绪、表情、心境。凭声音想象出对方的形象就是电话形象，美容师在接听电话时，必须注意自己的“电话形象”。

电话形象是可以塑造的。打、接电话是一门艺术，美容师可以用礼貌、热情诚恳的语言，塑造自己彬彬有礼、热情大方的电话形象。良好的电话形象体现了一个人的文化素质、风度、业务能力及礼仪修养。同时，电话形象也代表了美容院的形象，相反，如果接听电话的美容师给顾客留下一个态度粗暴、言语唐突、无精打采的“电话形象”，顾客就会失去对美容院的信任。所以，在接听电话时要注意以下几点：

1. 迅速接听

电话响两声就应当拿起，这是一种礼貌。如果有事拖延了，接到电话要先礼貌地向对方道歉，如：“不好意思，让您久等了。”

2. 主动报名

拿起电话听筒时应先自报家门，如：“您好，这里是 ×× 美容院。”

3. 声音亲切

声音亲切自然，面带微笑，微笑时的声音可以通过电话传递给对方一种温馨愉悦的感觉。在接听电话的时候要注意声音的大小及语速快慢适中，使对方听得清楚。

4. 专心致志

专心致志地听对方讲话，不可一边听电话一边与其他人交谈。

5. 交流沟通

电话接听过程，也是美容师与顾客交流沟通的过程，此呼彼应，适当提问，回答明确，都有助于使交流顺利进行。不要信口开河，随意承诺。

6. 认真记录

在手边准备好纸和笔，对顾客的问题要随时记录，必要时重复对方的话，以检验是否理解得正确。

7. 表达清晰

讲话要清晰、有条理，不要含含糊糊。语言表达尽量简洁明白，口齿清楚，吐字干脆，不要对着话筒发出咳嗽声或吐痰声。

8. 善始善终

接听电话时，要尽量避免打断对方的讲话。通话结束时，美容师要等对方放下话筒才能挂上电话。

四、美容师的职业道德与基本礼仪

（一）美容师的职业道德要求

1. 职业道德的概念

职业道德是适应各种职业要求而必然产生的道德规范，是人们在履行本职工作过程中所应遵循的行为规范和准则的总和。职业道德具有从属性、职业性、稳定性、继承性、适用性、成人性的特点。

2. 美容师的职业道德

美容师的职业道德是指美容师在美容工作中所应遵循的与其职业活动相适应的行为规范。

（二）美容师的形象规范

1. 仪表要求

仪表指人的外表，包括容貌、服饰、形态等，它是一个人的精神面貌、内在素质的外在表现。

2. 仪态要求

（1）站姿：避免脊骨的长时间弯曲，两脚不要离得太远，尽量以脚掌承受体重而不要以脚跟承受体重。

（2）坐姿：上体保持站立时的姿势，将双膝靠拢，椅面与膝部基本平行，能使双脚顺着膝盖自然放平于地板上，并使大腿部与小腿部形成 90 度直角，以脚支撑大腿部的重量。

（3）走姿：身体挺直，双臂前后自然摆动，提臀，用大腿带小腿迈步，双脚基本走一条直线，步伐平稳。

（4）蹲姿：两脚稍分开，保持背挺直，下蹲屈膝。

3. 语言要求

（1）语气、语音、语调、语速。

① 语气。美容师应多用请求式、商量式的委婉语气，体现对顾客的尊重。

② 语音。美容师的语音应清晰，表达出喜悦、友善等情感。

③ 语调。美容师的语调应柔和悦耳，表达出亲切、热情、真挚、友善、谅解的情感及性格，切忌使用枯燥、索然无味的语调。

④ 语速。美容师的语速不应过快，节奏要控制得当。

（2）目光。美容师应当用坦然、亲切、友好、和善的目光面对顾客。

（3）礼貌用语。美容师工作中常用的礼貌用语如表 2-1 所示。

表 2-1 美容师工作中常用的礼貌用语

您好	请进
请问您咨询哪方面的问题	请原谅
很抱歉	对不起
欢迎您的光临	欢迎再来
谢谢您	不用客气

任务实施

看见顾客到来，王璐璐应主动拉开门，同时微笑着打招呼：“您好！欢迎光临！”

把顾客引到接待桌前坐下，热情接待，同时弄清楚是新顾客还是老顾客。

如果是老顾客，引导顾客进入护理区；如果是新顾客，轻声询问顾客的需要，并有针对性地介绍服务项目和产品；同时注意观察顾客的反应。

如果双方满意，填写顾客资料登记表，制定护理方案；引导新顾客进入护理区。

为顾客进行美容专业护理。

征询顾客反馈意见。

结算美容消费金额。

送顾客离开，欢迎顾客下次再来。

两个同学为一组，一个扮演美容师，一个扮演顾客，比一比谁接待的最好！

任务二 咨询与指导

任务情景

顾客走进美容院后，要想抓住她们的心留下她们，就要在短时间内做到“对症下药”，了解顾客的需求并给予满足。询问是了解顾客需求的第一步（如图 2-7 所示）。

图 2-7 咨询与指导

任务要求

掌握询问顾客的技巧及帮助顾客填写资料卡。

知识准备

一、询问

（一）询问的作用

顾客进门后，美容师的询问是美容师与顾客沟通的极好机会。美容师通过询问可以充分了解顾客需求。有的顾客并不知道自己适合做什么美容项目，只是带着问题前来美容院，或是慕名而来，因此，美容师必须详细询问顾客的有关情况，充分了解其需求，这是提供服务的基础。礼貌、友好的询问可以获得顾客的好感，是赢得顾客满意的第一步。

（二）询问的方法

可以采取交谈的方式。交谈时，态度要诚恳、自然、大方、语言要和气、亲切、表达得体，通过交谈，创造融洽和谐的气氛，在轻松的交谈中达成共识。

要注意聆听顾客的谈话，以耐心鼓励的目光让对方说完，不要轻易打断顾客的讲话或随意插话，要耐心听顾客把话讲完。

在询问的过程中，要对顾客的谈话加以分析、归纳，从而得出有效的判断，给顾客满意的解答。

碰到与顾客意见不一致时，不要直说“你不懂”或“你不知道”，应先肯定对方意见中正确的部分，或替对方找出客观理由后以委婉或商量的语气阐明自己的观点。

二、介绍服务项目与产品

向顾客介绍服务项目是为了增强顾客对美容院的了解，也是能否留住顾客的重要环节。这一环节若把握得好，将有助于把顾客的潜在需求变为现实需求。顾客走进美容院，就是希望在美容院中找到最适合自己的护理项目，希望消费后能获得满意效果。专业、高水平的前台接待美容师如果能清楚明了地向顾客介绍本院的服务项目与特色，推荐适合顾客的服务项目并讲明道理，便能增强顾客消费的信心。

（一）介绍前的准备

介绍前美容师应将美容院所提供的服务项目及所使用、出售产品的特色、效果、价格及适用于何种肤质等熟记在心，做到胸有成竹，向顾客介绍、讲解时方能应对自如，显得更加专业，让顾客产生信任感。

（二）一般美容院开设的主要服务项目

（1）面部护理，包括美白护理、抗皱护理、除痘护理、淡斑护理、眼部护理、唇部护理、芳香护理等。

（2）身体护理，包括肩（颈）部皮肤护理、手部皮肤护理、腿部皮肤护理、足部皮肤护理、美胸、减肥、塑形、SPA 等。

（3）化妆，包括日妆、晚妆、新娘妆等。

（4）美睫，包括烫睫毛、植假睫毛等。

（5）脱毛，包括脱唇毛、腋毛、腿毛等。

（三）介绍时的基本要求

介绍前可先礼貌询问顾客，如果是新顾客，可这样委婉地问：“您好，请问今天我能为您做点什么？”“请问您今天打算做什么样的护理？”“请问今天您需要什么样的服务？”以此间接了解顾客的消费需求，再投其所好地进行项目或产品介绍。介绍主要遵循以下要求：

（1）介绍时要用语准确、通俗明了，用浅显易懂的语言介绍该美容护理项目或产品的美容原理、特点及相应的美容效果，不能过多使用专业术语，要让顾客听懂。

（2）需结合专业知识帮顾客分析皮肤，充分了解顾客的皮肤状况并讲解为其推荐该服务项目或产品的原因，让顾客信服地接受推荐。

（3）讲解服务项目或产品的效果时要客观、实事求是，语气要肯定，不能含含糊糊、模棱两可，多长时间能达到什么样的效果，要如实说明，不能夸大其词。

（4）为了获得最佳效果，美容师要提醒顾客做美容护理并非一次就能见效，而应说明护理是一种长期需求，让顾客了解仅一个多小时的护理或治疗无法治好经年累月所导致的皮肤问题，唯有长期的护理才能达到良好效果，引导顾客走出只重效果不重过程、希望一次或短期内见效的美容误区。此外，还应给予顾客一定的家庭护理方面的建议，向顾客说明双管齐下才能收到更好的效果。

（5）介绍时要留意顾客神情，若顾客感兴趣并愿意继续听下去时，可详细介绍，否则最好立即停止或转移话题。

（6）介绍时要如实报价，详细说明收费情况。

三、填写顾客登记卡

如图 2-8 所示，填写美容院顾客资料登记卡是美容接待工作中一个非常重要的环节，是开展专业护理的第一步，为日后护理服务提供重要依据。美容院通过登记卡所建立的翔实、可靠的顾客资料库是美容院宝贵的无形资产。因此，精心设计、制作一份内容全面且合理的登记卡非常重要。

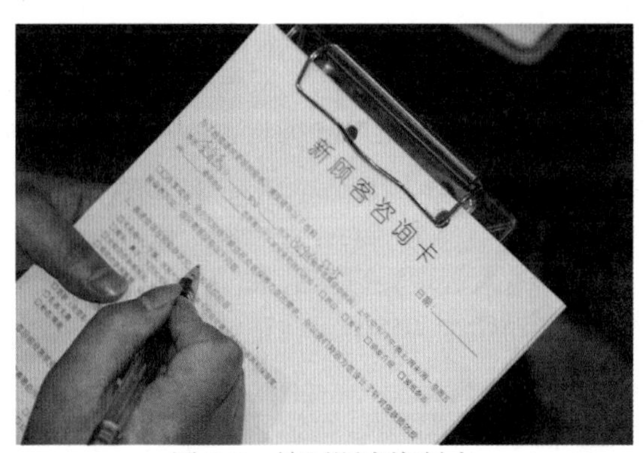

图 2-8　填写顾客资料卡

（一）顾客资料登记卡的项目

能较全面地反映个人皮肤情况，包括美容史、皮肤状况、皮肤诊断结果、护肤及饮食习惯、健康状况、护理方案、效果分析、顾客意见等。记录的内容可为美容师正确地分析皮肤，选择恰当、正确的护理方案提供准确、翔实的信息：

（1）顾客个人情况：顾客姓名、年龄、职业、文化程度、家庭地址、联系电话等。

（2）皮肤状况记录：对顾客皮肤的现状做一个详细的调查记录，了解皮肤的种类，是否有缺水、过早老化、痤疮、色素沉着及敏感问题出现。

（3）既往美容护理情况：指以往的护肤历史，包括是否在美容院做过护理，护理的类型及效果，使用产品的种类及使用后的效果等。

（4）顾客护肤及日常饮食习惯：了解顾客的日常护肤及饮食习惯，如日常护肤是否得当，是否正在节食。因为这两方面与皮肤健康状况和改善程度有直接关系。

（5）健康状况：包括顾客的体重是否正常，有无患病史，是否服药，是否戴有“心脏起搏器”等。

（6）护理方案：为顾客设计具体合理的护理方案及护理疗程，包括仪器的选择，护肤品的选用等，护理方法若有改变，应记录改变护理方式的日期、原因等内容。

（7）护理记录或效果分析：对每一次或每一阶段护理效果做记录。

（8）备注或顾客意见：指顾客对护理疗效、产品、服务、管理等方面的意见和建议。

（9）备注：为了掌握顾客来源，可在备注栏里注明顾客是经由别人介绍还是通过阅读某种广告而来的。

如果顾客在接受皮肤保养护理之后还需化妆，那么对于所使用的化妆品名称及色系、化妆过程都应详细记录。

记录表上还应该记录顾客所使用的专业产品及零售产品，有些顾客喜欢买自己以前用过的产品，却又记不起该产品的名称，这时美容院的记录卡就会大有帮助。

（二）填写顾客资料登记卡的要求

美容师在填写顾客资料登记卡时应遵循以下要求：

（1）向顾客讲清楚填写此卡的目的，以取得顾客的积极配合。

（2）对于初次填卡的顾客要进行皮肤测试，登记皮肤类型及出现的问题，并有针对性地推荐产品、制定相关护理程序；对于老顾客要观察皮肤的改善情况，提出相关的建议。

（3）填写字迹要清晰，不可随意涂改。

（4）填写内容要及时、真实、准确、翔实，对每次护理情况都要认真记录。

（5）顾客资料登记卡的姓名应按一定顺序编辑，通常是按制表时间顺序排序，用阿拉伯数字编号，便于记忆，也可按姓氏笔画、汉语拼音或皮肤情况编号。登记表可装订成册，也可输入计算机。

（6）顾客资料登记卡应有专人管理，以防遗失。

（7）应为顾客保守秘密，如顾客的年龄、住址或美容消费项目，消费金额等都属于保密范畴，不可随意让人翻看。

牛刀小试

了解美容院顾客资料登记卡的制作、填写范例（如表 2-2 所示）。

表 2-2　美容院顾客资料登记卡

建卡日期：　　　　　　　　　　　　　　卡号：

顾客姓名：　　　　　　　　　年龄：　　　职业：

皮肤状况分析	1. 皮肤类型： □中性皮肤　□油性皮肤　□混合性皮肤　□缺水型油性皮　□缺水型干性皮肤 □缺油型干性皮肤 2. 皮肤状况： ① 皮肤质地　□光滑　□较粗糙　□粗糙　□极粗糙 ② 毛孔大小　□很细　□细　□比较明显　□很明显 ③ 皮肤弹性　□差　□一般　□良好 ④ 肤色　□红润　□有光泽　□一般　□偏黑　□偏黄　□苍白、无血色　□较晦暗 ⑤ 颈部肌肉　□结实　□有皱纹　□松弛 ⑥ 眼部　□结实紧绷　□略松弛　□重度黑眼圈　□轻度鱼尾纹　□水肿 □深度鱼尾纹　□脂肪粒　□轻度黑眼圈　□松弛　□暂时性眼袋　□永久性眼袋 3. 皮肤问题： □色斑　□痤疮　□老化　□敏感　□过敏　□毛细血管扩张　□日晒伤　□瘢痕 4. 其他： ① 色斑分布区域　□额头　□两颊　□鼻翼 ② 色斑类型　□黄褐斑　□雀斑　□晒伤斑　□炎症后色素沉着 ③ 皱纹分布区域　□无　□眼角　□唇角　□额头　□全脸 ④ 皱纹深浅　□浅　□较浅　□深　□较深 ⑤ 皮肤敏感反应症状　□发痒　□发红　□灼热　□起疹子 ⑥ 痤疮类型　□白头粉刺　□黑头粉刺　□丘疹　□脓包　□结节　□囊肿　□疤痕 ⑦ 痤疮分布区域　□额头　□鼻翼　□唇周　□下颌　□两颊　□全脸
常用化妆品	1.常用护肤品 □化妆水　□乳液　□营养霜　□眼霜　□精华素　□美白霜　□防晒霜 2.常用洁肤品 □卸妆液　□洗面奶　□香皂 3.洁肤次数 / 天 □ 2 次　□ 3 次　□ 4 次　其他：____________________ 4.常用化妆品 □唇膏　□粉底液　□粉饼　□腮红　□眼影　□睫毛膏 其他：____________________________
饮食习惯	1.饮食爱好 □肉类　□蔬菜　□水果　□茶　□油炸食物　□辛辣食物 其他：____________________________ 2. 易过敏食物：________________________

项目三　面部护理

项目引领

人的皮肤会随着年龄的增长日趋老化，油脂分泌减少，皮肤会变得干燥，失去弹性，皮肤吸氧的功能也会日趋减弱，脸上的皱纹日渐增多。虽然皮肤护理并不能完全阻挡老化的自然规律，但是，通过护理可以提供给皮肤养分，并使皮肤的水分及油脂保持均衡而延缓衰老，通过护理还可以避免或减轻许多皮肤疾患，加速新陈代谢，减缓老化程度。如抹防晒霜（如图 3-1 所示）可以使皮肤免受紫外线伤害，油性皮肤经过护理可以减轻暗疮的程度。同样年龄的人，有些人看上去很年轻，而有些人显得苍老，很大程度上与美容院的护理和保养是分不开的。

图 3-1　面部化妆品

项目目标

知识目标：

1. 了解皮肤的结构和功能。
2. 了解面部按摩的目的与功效。
3. 了解面膜的分类、特点与功效。

技能目标：

1. 熟练掌握面部皮肤护理的技能。
2. 掌握面部按摩的步骤、方法。
3. 掌握敷面膜的方法与步骤。

任务一 皮肤的基本结构和功能

任务情景

皮肤对人体起着重要的保护作用，而且是人体面积最大的器官。美容护肤的第一步，需要我们认识皮肤，了解皮肤的结构。

任务要求

了解皮肤的基本结构和功能。

知识准备

一、皮肤的基本结构

皮肤是人体最外层、最大的组织器官， 面积为 1.5～2.0 平方米，厚度为 0.5～2.0 毫米（不包含皮下组织），眼睑厚 0.07 毫米。人体皮肤的基本信息如表 3-1 所示。

表 3-1 皮肤的基本信息表

重 量	面 积	厚 度	颜 色	纹 理
占人体体重的 5%～15%	成人皮肤的面积为 1.5～2 平方米	约为 0.5～2 毫米，皮肤厚度因人而异，随年龄、部位不同有所差异	受种族、年龄、性别、环境等因素影响而各不相同	皮沟、皮丘、指（趾）纹、皱纹

如图 3-2 所示，表皮与真皮的重量约占体重的 5%，皮肤主要由黑、红、黄三色调构成。颜色与皮肤角质层厚薄、黑色素颗粒的多少、组织中胡萝卜素的含量、皮肤毛细血管分布的深浅、疏密程度及血流量多少有关。

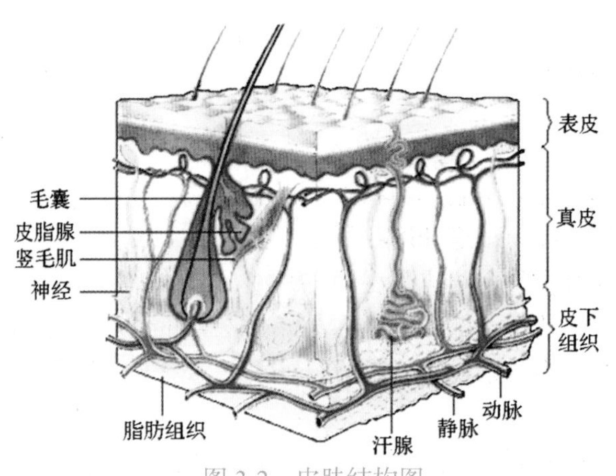

图 3-2 皮肤结构图

1. 表皮

如图 3-3 所示，表皮由内而外可分为 5 层：基底层、棘层、颗粒层、透明层和角质层。每一层的组成和功能如表 3-2 所示。

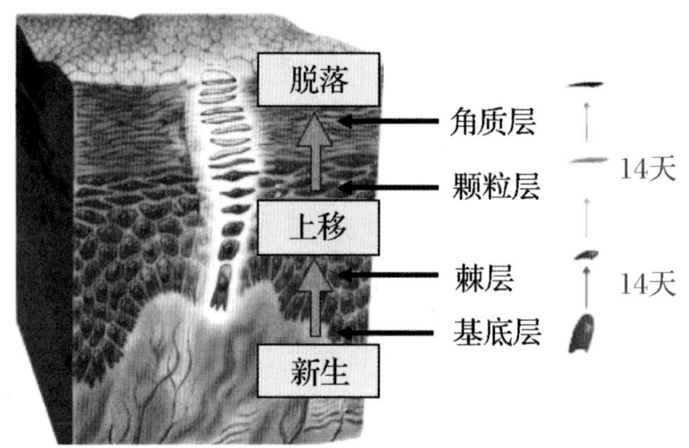

图 3-3　表皮结构图

表 3-2　表皮各部分组成及功能

名　称	组　成	功　能
基底层	位于表皮的最深层，借基膜与深层的真皮相连。由基底细胞和黑色素细胞构成	基底细胞具有分裂繁殖功能，是表皮各层细胞的生化之源。黑色素细胞分泌黑色素颗粒，可遮挡和反射紫外线，保护皮肤深层组织；皮肤中黑色素颗粒的多少决定人的肤色深浅
棘层	位于基底层的浅面，由4～10层多边形细胞组成，是表皮中最厚的一层。细胞较大，有许多棘状凸起，细胞核呈圆形	棘细胞间隙中有组织液，可为细胞提供营养
颗粒层	位于棘层的浅面，由 2～3 层梭形细胞组成。细胞质中有大小不等的透明角质颗粒	细胞内含有细小颗粒状物，有折射光线的作用，防止水分和电解质流失
透明层	位于颗粒层的浅面，由 2～3 层无核的扁平细胞组成。细胞质中含有嗜酸性透明角质，它由颗粒层细胞的透明角质颗粒变性而成	防止水分、电解质和化学物质的透过，故又称屏障带
角质层	位于表皮的最浅层，由几层到几十层扁平无核角质细胞组成	抵抗摩擦防止体液外渗和化学物质内侵

2. 真皮

真皮主要分为两层，即乳头层和网状层，真皮的厚度约为表皮的 10 倍。

纤维：有胶原纤维、弹力纤维和网状纤维三种。

（1）胶原纤维：为真皮的主要成分，约占 95%。

（2）弹力纤维：在网状层下部较多，多盘绕在胶原纤维束下及皮肤附属器官周围。

（3）网状纤维：被认为是未成熟的胶原纤维，它环绕于皮肤附属器及血管周围。

3. 皮下组织

皮下组织又称皮下脂肪层。脂肪可以保持体温，储存大量的热能，所以胖人夏天感觉很热。脂肪还能缓冲外来压力，保护内脏免受损伤。另外还可以撑开皮肤使皮肤延缓衰老。人老后皮肤就会松弛并产生皱纹，但胖人总比瘦人显年轻。现在的人喜欢骨感美女，很多人想减肥，现在市面美容院存在最多的方法是脂肪燃烧，生活中最多的是减肥茶。这些都不是科学的减肥方法，只是减少了体内水分而不是减轻体重，会造成肠胃病或营养不良，对身体都是有害的。

4. 皮下附属器官

皮肤的附属器官包括皮脂腺、小汗腺、大汗腺、毛发、毛囊 、指（趾）甲，均来源于外胚层 。

（1）皮脂腺：皮脂腺连接毛囊，分泌油脂。遍及全身（除手掌、足底外），以头面、背部、躯干最多，汗毛由毛囊长出，皮脂腺分泌的油脂由毛孔排出。

皮脂腺分泌过多——痤疮、粉刺、脂溢性皮炎或脱发；

皮脂腺分泌过少——皮肤易失光泽、头发易断。

（2）汗腺：分布于全身，以手掌、足底最多，位于真皮与皮下组织之间。管状腺体，由导管经真皮直接开口于皮肤表面。有分泌汗液、散热、调节体温的作用。

皮肤表面由纵横交错的纹理构成。凸起的叫皮丘，凹下去的叫皮沟，皮沟的交叉点有皮脂腺和毛囊。汗毛由毛囊长出，皮脂腺分泌的油脂由毛孔排出，凸起的最高点有汗孔，由汗腺分泌汗液通过汗孔排出。

皮脂腺分泌的油脂和汗腺分泌的汗水相结合会形成 pH 值为 4.5～6.5 弱酸性薄薄的一层皮脂膜，皮脂膜也是最理想的护肤品。它对皮肤有重要的生理作用，主要表现如下：

屏障作用：防止皮肤水分的过度蒸发，以及外界水分、某些物质大量渗入，保护皮肤正常含水量。

润泽皮肤：使皮肤柔韧、滑润、富有光泽，防止皮肤干裂。

抑菌杀菌：含有的游离脂肪酸，可抑制某些病原微生物的入侵，对皮肤起一定保护作用。

皮脂成分：脂肪酸、甘油酯类、蜡类、固醇类、角质类、角鲨烷，液状石蜡等。雄性激素可促使皮脂腺增生肥大。

现在的护肤品都是根据皮脂膜的 pH 值研发的，皮脂膜 pH 值为 4.5～6.5 弱酸性。

二、皮肤的生理功能

（1）保护作用：皮肤对外界物理刺激、化学刺激和微生物刺激有一定防御能力。

（2）感觉作用：皮肤感受外界刺激，产生冷觉、温觉、触觉、压力觉、痛觉等不同感觉。

（3）调节体温作用：通过汗液挥发而散热，起到降低体温的作用。

（4）分泌与排泄作用：皮脂腺分泌皮脂，汗腺分泌汗液。

（5）呼吸作用：皮肤可以通过汗孔、毛孔进行呼吸。

（6）吸收作用：皮肤可从外界有选择地吸收营养物质。

（7）代谢作用：皮肤直接参与人体的糖、脂肪、蛋白质及水与电解质等主要物质代谢。

（8）免疫作用：许多皮肤病的发病机理，常有一定程度的变态反应参与。

牛刀小试

1. 皮肤是不是一个器官?

2. 小明的手被划了一下，但没有出血，这是为什么呢?

任务二 面部皮肤基础护理

任务情景

皮肤护理，是美容服务项目中一项重要的基本服务内容。熟练掌握皮肤护理的操作技能是身为美容师的基本功。

任务要求

掌握面部皮肤护理的操作技能。

知识准备

一、皮肤护理的准备工作

（一）护理前准备工作的意义

1. 安全服务

做好皮肤护理前的准备工作，首先是为了确保在皮肤护理过程中的用电安全、使用仪器设备安全和卫生消毒安全，以达到安全服务的目的。

2. 有效服务

做好皮肤护理前的各项准备工作，能保证皮肤护理的各项操作顺利进行，并保证操作过程中设备正常运转，从而达到有效服务的目的。

3. 优质服务

将皮肤护理前的准备工作做好、做到位，能够随时为各类型皮肤的顾客做好皮肤护理提供必要的措施，以达到优质服务的目的。

（二）准备工作的基本步骤与要求

美容师在做准备工作时，应将准备工作分为两个部分：一部分是上岗前的准备工作；一部分是上岗后进行项目服务前的准备工作。

1. 美容师上岗前的准备工作

美容师上岗前的准备工作主要包括三个环节。

（1）按照美容院卫生管理要求，搞好美容院或本岗周围的环境卫生。

（2）按照美容师个人卫生要求，搞好个人卫生。

（3）穿好工作装，佩戴好名牌，化淡妆。

2. 护理准备工作的步骤和基本要求

进行皮肤护理准备工作包括：电源、用电设备的准备，用品用具的准备，卫生消毒和引导客人做好皮肤护理前的准备。

（1）电源、用电设备的准备（如图 3-4 所示）。

① 将仪器、设备擦拭干净。要求：用干布擦拭，保持仪器设备干燥。

② 检查电源。检查电源有无漏电，是否安全，是否能随时接通。要求：确保设备在工作时能正常运转。

③ 插好电源，检查仪器性能，调试好。要求：仪器设备处于良好待工作状态。

④ 将仪器设备附件、附属用品配齐、就位。要求：严格检查设备仪器的配件、附属件并配齐就位。

（2）用品用具的准备。

① 调整好美容床的位置、角度，更换并整理床上用品。要求：干净、整齐、适用（如图 3-5 所示）。

图 3-4　电源设备

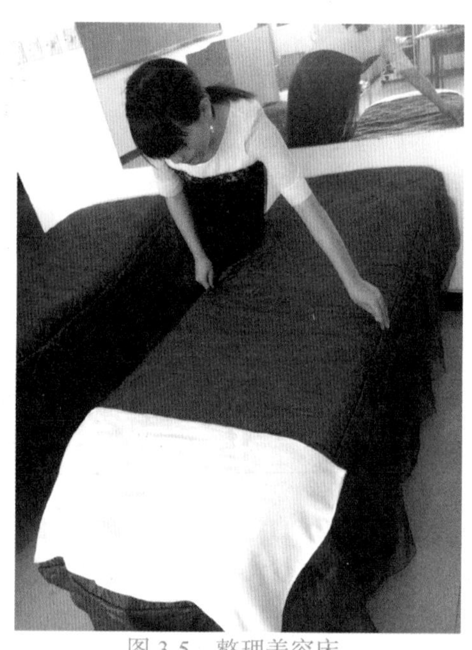

图 3-5　整理美容床

② 将皮肤护理时所需的各种用品、用具备齐，整齐、有序地放在工作台或器械车上。要求：备齐。摆放整齐、有序，便于随时、准确地取用。

（3）卫生消毒。在进行皮肤护理前，应做好严格的卫生消毒工作，以避免交叉感染，确保顾客的卫生安全。

皮肤护理前的卫生消毒，可分为最基本的 4 类：

① 毛巾、单类的消毒：在进行皮肤护理前，应将与客人肌肤直接接触的美容床单、美容用毛巾、客人用的美容衣等进行认真清洗、严格消毒。要求：一人（客人）一套，用过后即清洗、消毒。

② 皮肤护理用品、用具的消毒：在进行皮肤护理前，应将护理时需要的各种器皿、挖板、海绵扑等用品、用具认真清洗、严格消毒。要求：每次使用前，均应经过清洁、消毒。

③ 与肌肤直接接触的仪器、设备附件的消毒：在使用美容仪器、设备时，对于与肌肤直接接触的附件部分，如：真空吸啜管、导入和导出棒、高频电疗仪导棒等，应严格消

毒。要求做到：每次取用前，均应用75%浓度的酒精或其他方法进行消毒。

④ 美容师双手消毒：要求为每一位顾客进行皮肤护理前，必须认真洗手，严格消毒。

3. 引导顾客做好皮肤护理前的准备

帮助顾客填好“护肤卡”，请顾客除去所佩戴的金属饰物，帮助顾客收存好私人贵重物品，帮助顾客更换美容衣，请顾客脱鞋，仰卧于美容床，为顾客盖好毛巾被（薄被）、胸巾，为顾客包头。

包头的方法较多，这里介绍4种方法。

（1）用毛巾包头方法1。

操作要领：

① 请顾客平躺在美容床上。

② 双手持毛巾的一个宽边向外折3 cm左右的边（如图3-6所示），置于顾客头下，折边在下与后发际平齐。

图3-6　毛巾折边

③ 左手全掌顺顾客右额头将右侧头发捋向脑后，右手将毛巾右角沿发际压住头发拉至额部（如图3-7所示）。

④ 同样用上述方法拉起毛巾左角，压在右角上并塞入毛巾右角折边中。

⑤ 双手拇指、食指扣住毛巾边缘，轻轻将边缘移至发际处。同时两个中指分别伸入毛巾中将顾客耳垂或佩戴的耳饰抚平。

⑥ 迅速检查一下包头效果，要求：松紧适度，不露头发，最大限度地将面部皮肤暴露在毛巾以外。全部操作过程在20秒内完成（如图3-8所示）。

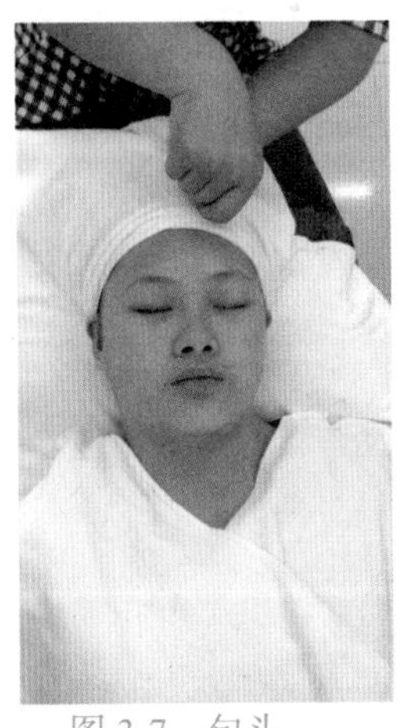

图3-7　包头

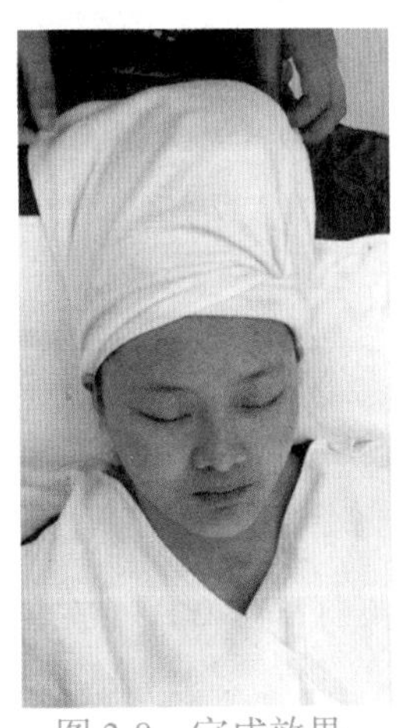

图3-8　完成效果

（2）用毛巾包头方法 2。

操作要领：

① 双手持毛巾一个宽边的两端点（如图 3-9（a）所示），右手将所持一角向胸前方向折叠（如图 3-9（b）所示）。

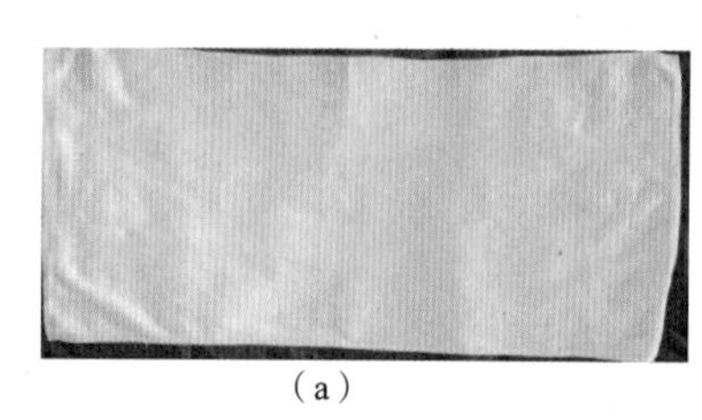
（a）

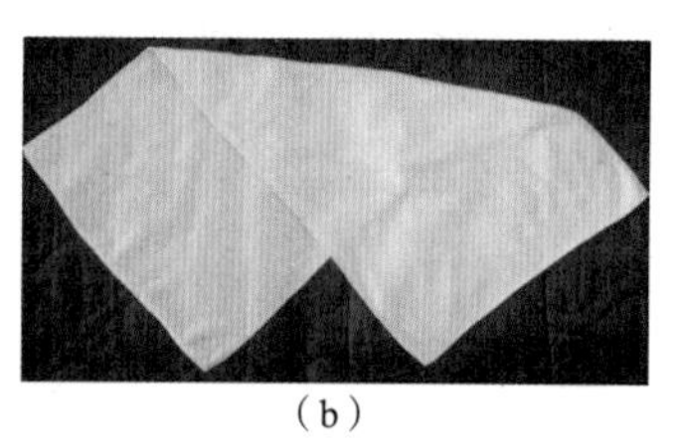
（b）

图 3-9　毛巾包头方法 2 示意图

② 将毛巾折边置于顾客头下，折边与后发际平齐（如图 3-10 所示）。

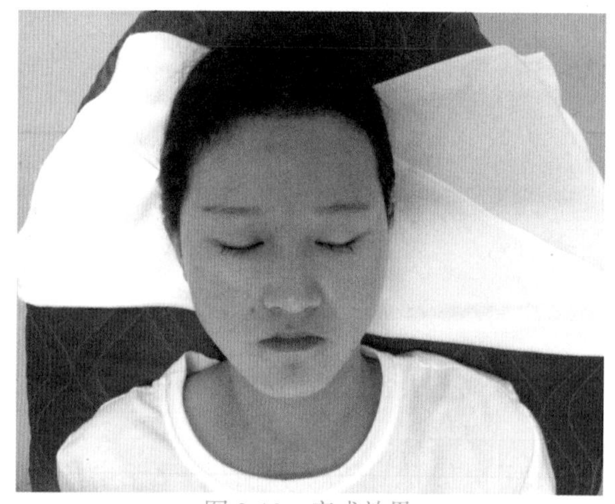

图 3-10　完成效果

③ 后续步骤与毛巾包头方法 1 相同。

（3）发带固定头发：使用宽边的弹性发带，从发际处将头发固定在里边，也是一种简便易行的方法。

（4）鸭嘴卡卡住头发：当不便破坏顾客新理的发型时，可用 2～3 个鸭嘴卡子，从两侧分别将头发卡住。

4. 注意事项

（1）认真细致。认真对待每一个步骤，做好每一个环节，不可疏漏。

（2）准确、到位。要严格把握尺度，绝不敷衍，避免造成不必要的失误与损失。

二、清洁皮肤

（一）清洁皮肤的目的

皮肤健康是美容的基础，而脸部的保养在美容中占有极重要的位置。面部清洁是皮肤保养的第一步。面部皮肤暴露在空气中，空气中漂浮着污物、尘埃、细菌等，自然附着于皮肤表面，加上自身分泌的油脂、汗液、死细胞等，这些因素会影响皮肤正常生理功能的发挥，甚至引起皮肤感染，发生痤疮，毛囊炎等皮肤病。由此可见，皮肤清洁是非常重要的。洁肤的目的主要有如下 4 个方面：

（1）清除皮肤表面的污垢、皮肤分泌物，保持汗腺、皮脂腺分泌物排出畅通，防止细菌感染。

（2）可使皮肤得到放松、休息，以便充分发挥皮肤的生理功能，呈现青春活力。

（3）可调节皮肤的 pH 值，使其恢复正常的酸碱度，保护皮肤。

（4）为皮肤护理做准备。

（二）清洁皮肤的步骤、方法与注意事项

1. 卸妆

化妆品中的粉底、色素大多含有油性物质不易脱落，附着于皮肤表面，不易清除，化妆品堵塞皮肤容易造成粉刺、痤疮和色素沉着，也会阻碍护肤品的吸收。那么如何彻底卸妆呢?

（1）卸妆的顺序：

① 清除面部汗垢、油脂。

② 清除睫毛膏。

③ 清除眼线液。

④ 清洗眉毛，清除眼影色。

⑤ 清除唇膏。

⑥ 清除腮红。

（2）如图 3-11 至图 3-19 所示，卸妆的操作步骤与方法如下：

① 用纸巾擦去面部的汗垢、油脂（如图 3-12 所示）。

② 用纸巾对折成双层，置于顾客下眼线下边，然后让顾客闭上眼睛（如图 3-13 所示）。

③ 左手固定纸巾，右手持沾有卸妆水（或洗面奶或清洁霜）的棉签，顺睫毛生长方向对睫毛进行擦洗，清除粘在眼睫毛上的油膏（如图 3-14 所示）。

④ 更换棉签，从内眼角向外眼角滚抹，清洗上眼线（如图 3-15 所示）。

⑤ 撤去粘有污物的纸巾，并请顾客睁开双眼。

⑥ 一手将下眼皮略向下拉，用同④的手法清洗下眼线（如图 3-16 所示）。

⑦ 用沾有卸妆水（或洗面奶或清洁霜）的清洁棉片，由中间向两边拉抹，清洗眉、眼部（如图 3-17 所示）。

⑧用清洁棉片沾少量卸妆水（或洗面奶或清洁霜）从一侧的嘴角拉抹向另一侧，分别清除上下唇的唇膏（如图 3-18 所示）。

⑨ 手持一片沾有卸妆水（或洗面奶或清洁霜）的清洁棉片（或纸巾、面巾纸），指尖朝向下颌方向，从双侧鼻唇沟轻轻拉抹两侧，清除腮红（如图 3-19 所示）。

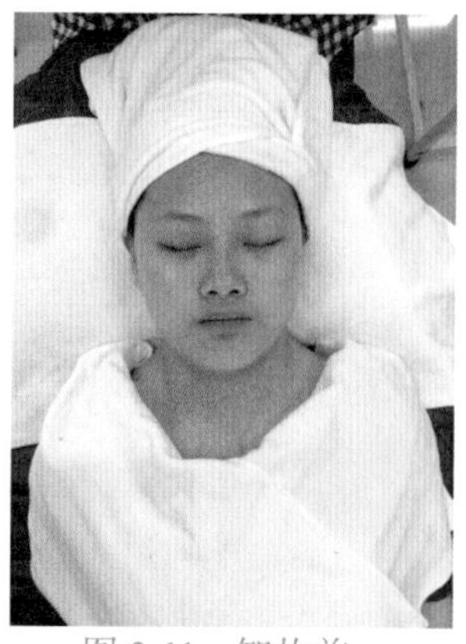
图 3-11 卸妆前

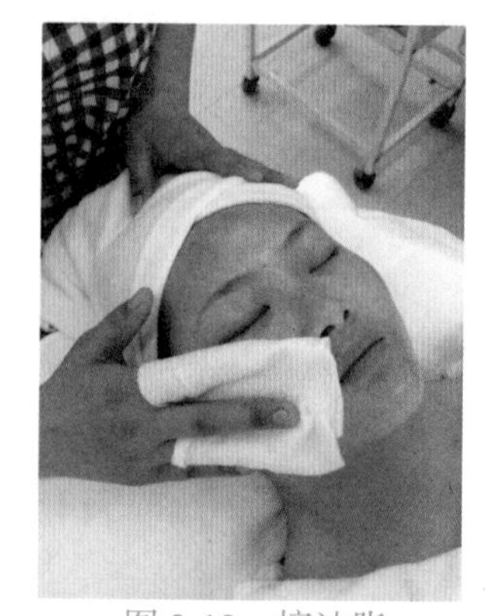
图 3-12 擦油脂

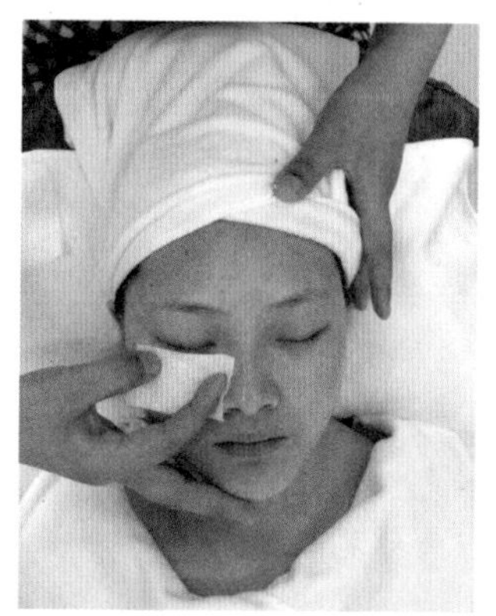
图 3-13 放纸巾

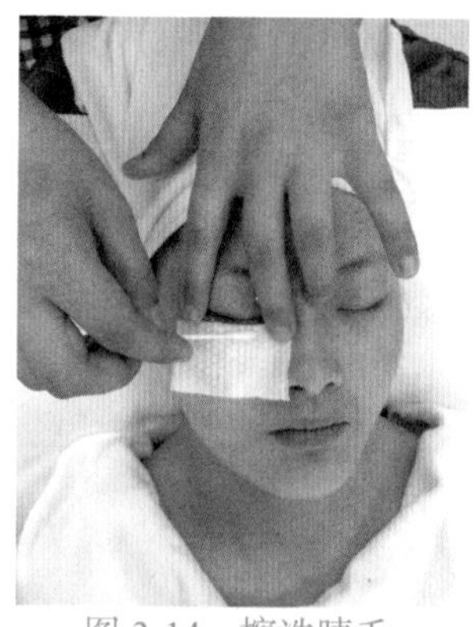
图 3-14 擦洗睫毛

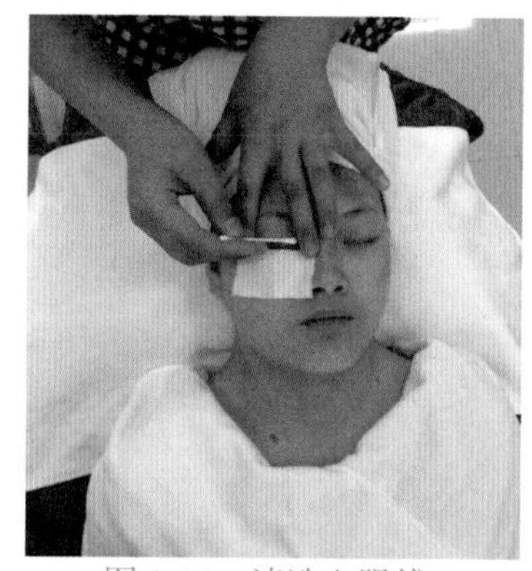
图 3-15 清洗上眼线

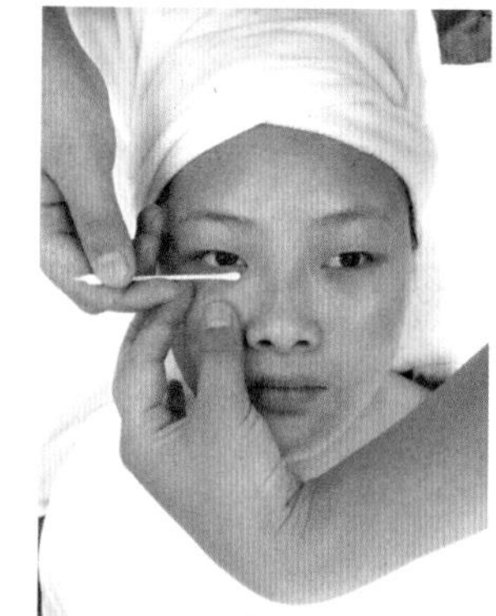
图 3-16 清洗下眼线

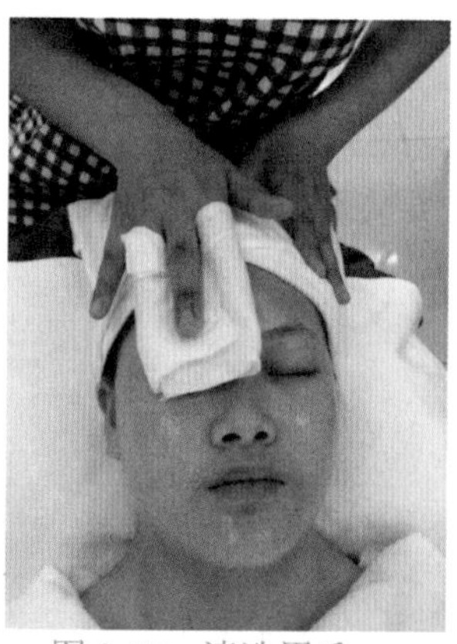
图 3-17 清洗眉毛

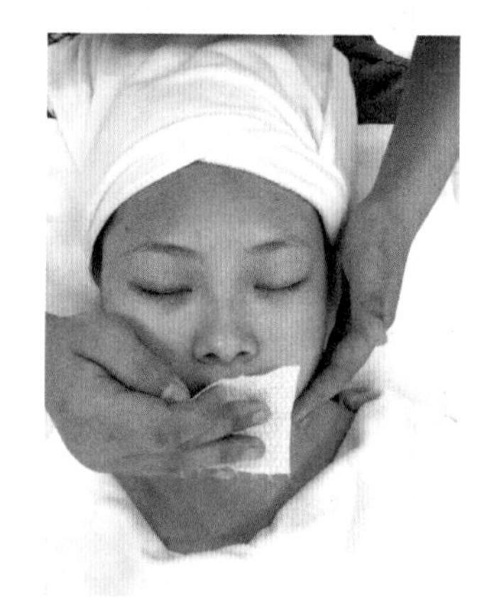
图 3-18 清洗唇部

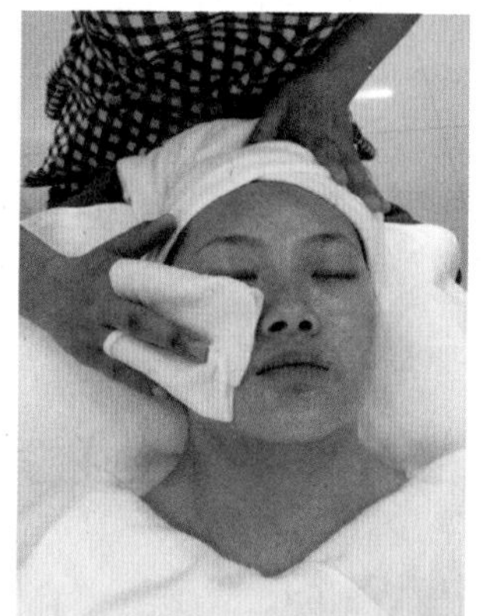
图 3-19 清洗腮红

（3）卸妆用品、用具及使用方法如下：

① 卸妆用品、用具。

a. 卸妆水：卸妆水也可以用洗面奶或清洁霜代替。

b. 纸巾、棉片、棉签：棉片也可以用洗面海绵代替。

② 纸巾的使用方法。

如图 3-20（组图）所示，纸巾用于擦去面部的污物，用时需绕在手指上，其缠绕方法为：

a. 将纸巾对折成三角形。

b. 掌心向下，用食指和中指夹住纸巾。

c. 将纸巾上端向下绕过食指、中指、无名指，然后在无名指与小指间将纸巾的另一角向上卷起。

d. 用中指按住纸巾的一角。

e. 将长出手指的纸巾部分向手背折下，并用中指压住固定。

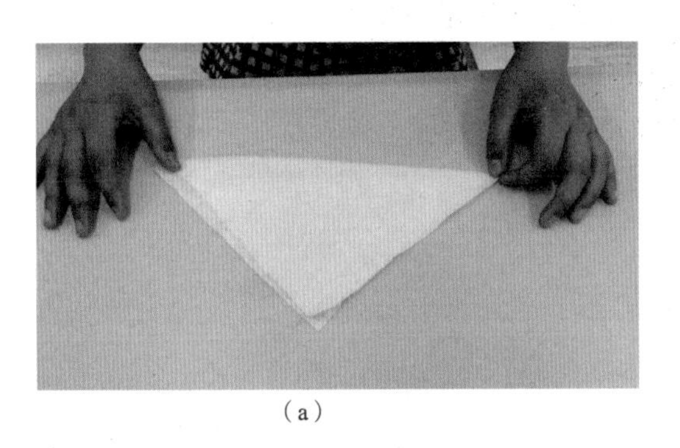

（a）

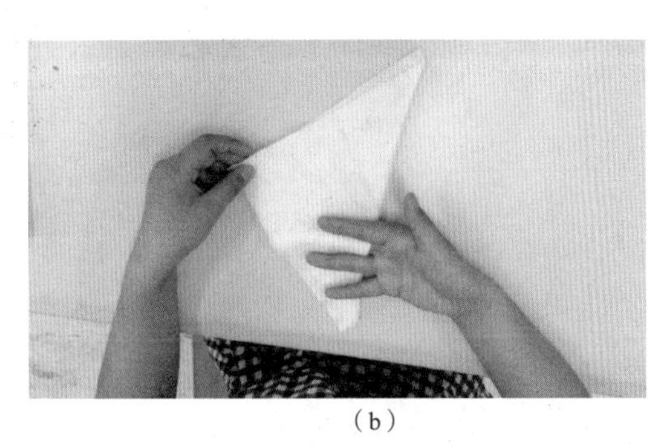

（b）

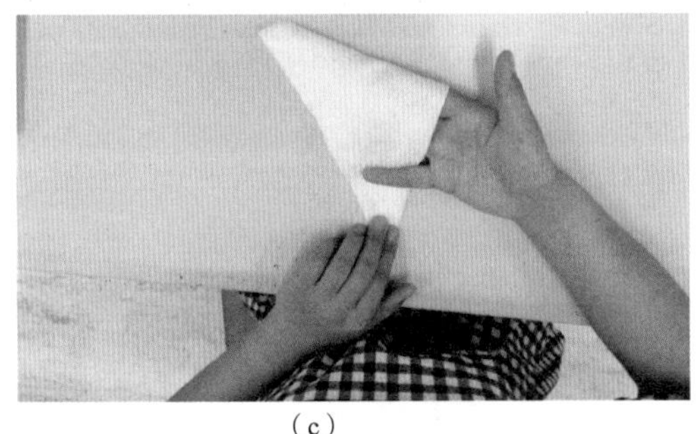

（c）

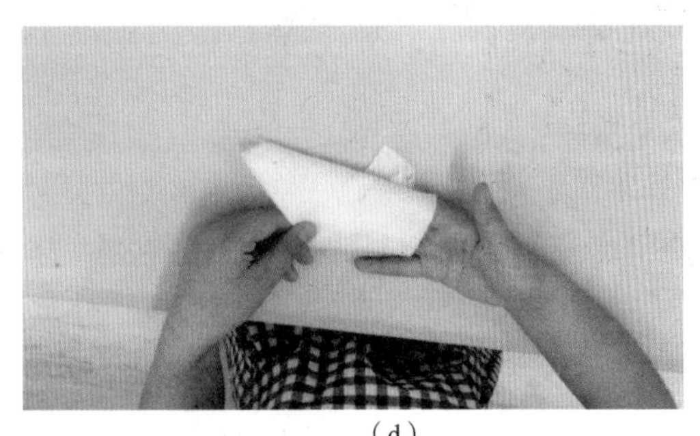

（d）

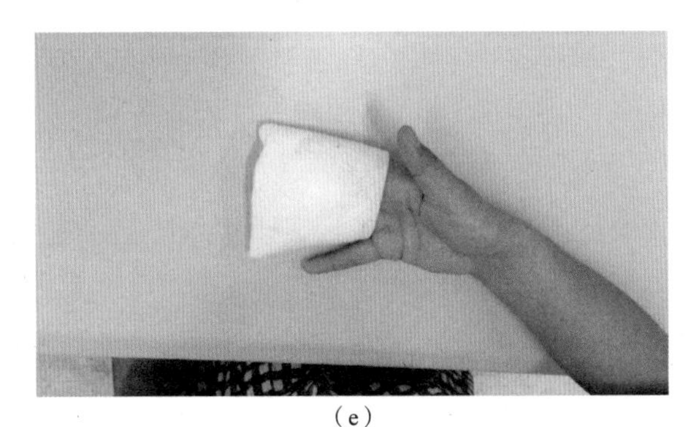

（e）

图 3-20 纸巾的使用方法

纸巾缠绕要求：整齐、牢固、迅速。全部缠绕过程应在 3 秒内完成。

③ 清洁棉布的使用方法。

清洁棉布是洁肤的常备物品之一。由于它是一次性用品，因此要符合卫生标准。

清洁棉布用于擦去面部的洗面奶、磨砂膏、按摩膏、水渍等，还可将棉布缠绕在手指上清洁皮肤。其操作方法是：

a. 将棉片剪成 5～7 厘米的方形棉布，浸湿后攥干待用（如图 3-21（a）所示）。

b. 用棉片分别包住食指、中指和无名指，小指将棉片两端夹牢（如图 3-21（b）所示）。

c. 用中指、无名指指腹进行擦拭即可。因清洁棉片为一次性用品，所以用过的棉片应丢弃，不可重复使用（如图 3-21（c）所示）。

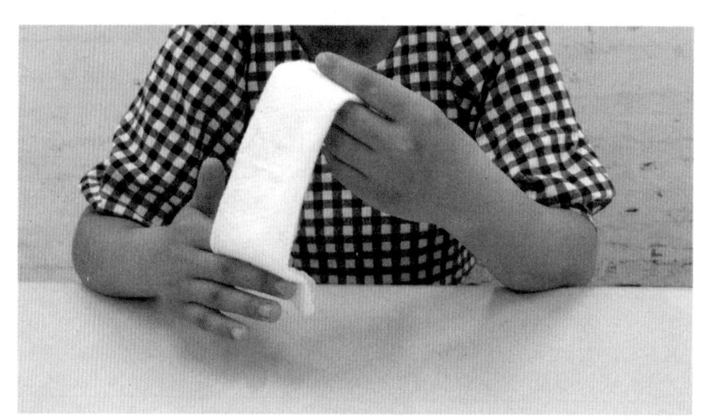

（a）折好棉片

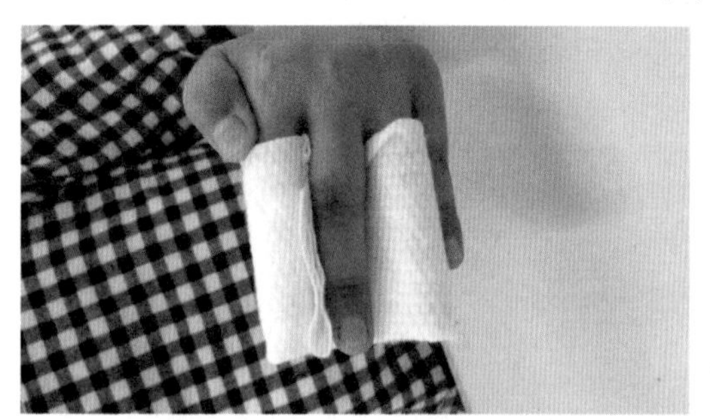

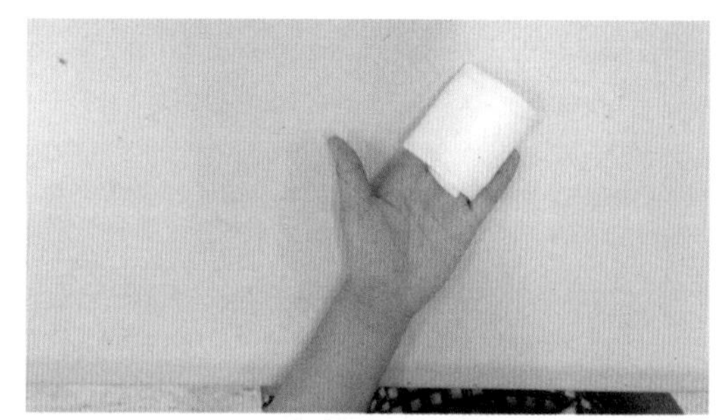

（b）将棉片固定到手指上

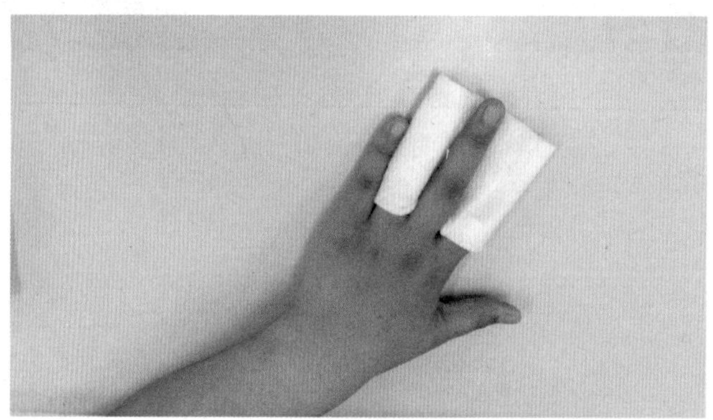

（c）开始擦拭

图 3-21　清洁棉布的使用方法

2. 清洗皮肤

（1）洗面和按摩的有关手法规定。

① 手法规定。

手横位：双手指尖相对，手指平行于两眼连线的手位简称手横位。

手竖位：双手指尖向下，手指垂直于两眼连线的手位简称手竖位。

② 按摩手法图例（如表 3-3 所示）。

表 3-3 按摩手法图例

手法	图例	手法	图例
1.摩小圈		13.推搓	
2.走V字		14.掌侧叩击	
3.磨半圈（双手交叉）		15.空拳叩击	
4.抚揉		16.扣提	
5.抹		17.切提	
6.轮指		18.揉	
7.啄捏		19.滚	
8.揉捏		20.拿	
9.捏		21.左交剪刀手	
10.点弹		22.右交剪刀手	
11.拉弹		23.按	
12.推		24.压	
		25.点弹(穴位)	
		26.食指与拇指搓	

（2）清洗皮肤的步骤及要求。

① 清洗面部皮肤的基础步骤：

a. 卸妆。

b. 涂洗面奶（或其他洁肤品）。

c. 揉洗面部各部位。

d. 用温、清水将洗面奶彻底清洗干净。

② 洗面要求：

a. 洁肤用品应借助工具取用，不可直接用手从容器中取用。

b. 洁肤完成时，皮肤上的洁肤用品应彻底清洗干净，以免残留在面部伤害皮肤。

c. 洗面动作要熟练、有条理、步骤清楚。洗面过程以 3～4 分钟为宜。

（3）清洗皮肤的基础操作方法。

洗面的顺序一般是由额头至下巴，依次为：前额、眼部、鼻部、双颊、口周、下颏。并注意清洁皮肤前记得用酒精消毒手部，以免细菌感染。其具体步骤如下（如图 3-22 至图 3-25 所示）：

① 放置洗面奶：将适量洗面奶置于左手手背虎口的上方，右手中指、无名指并拢，用其指腹将洗面奶分别涂于前额、双颊、鼻头及下颏部（如图 3-23 所示），如此反复数次。

② 洗面颊：接上节手位。在鼻头两翼，中指、无名指迅速并拢，以指腹沿三线（由鼻两翼至太阳穴；由嘴角两侧至上关穴；由下颏至耳垂前方）摩小圈（如图 3-24 所示），

如此反复摩小圈清洗。

③ 洗下颌：双手横位，五指并拢，全掌着力，交替从对侧耳根沿下颌拉抹至下颏（如图 3-25 所示）清洗颈部皮肤，如此反复数次。

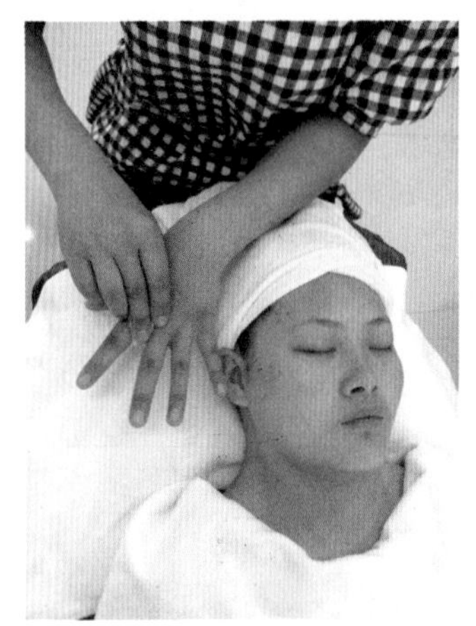

图 3-22　消毒

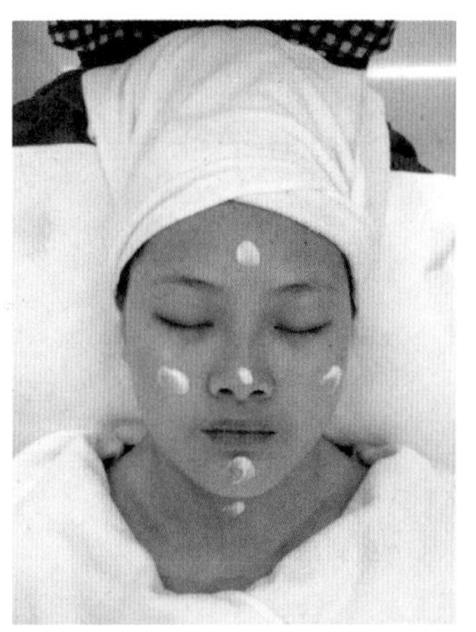

图 3-23　放置洗面奶

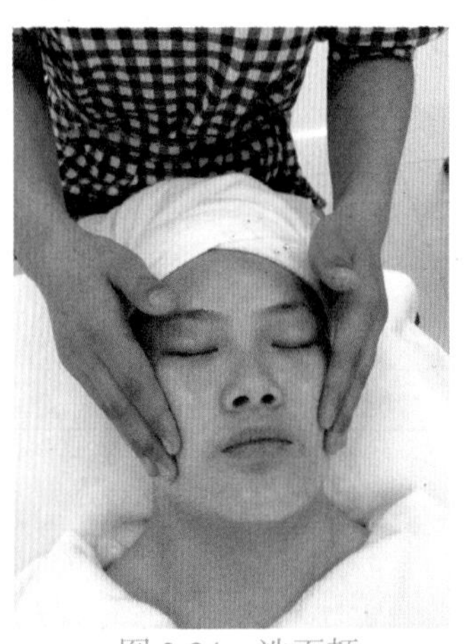

图 3-24　洗面颊

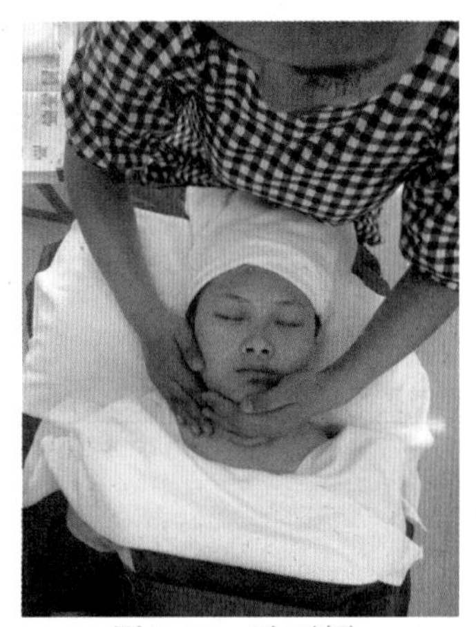

图 3-25　洗下颌

（4）洁肤品的选择与使用方法。

常用的洁肤品有香皂、洗面奶、清洁霜和皂液洁面乳。

① 洗面奶的使用。洗面奶性质温和，其碱性小于香皂，但清洁效果仍良好，为美容院常用的洁肤品，常用于皮肤护理之前。其使用方法为：

a. 先用温水湿润面部皮肤。

b. 将洗面奶涂在前额、鼻部、下巴及两颊处，然后均匀抹开。

c. 用指腹在面部打圈揉洗皮肤。

d. 用清水将洗面奶清洗干净。

② 清洁霜的使用。

清洁霜的主要成分为矿物油，常用于卸妆，尤其对油性化妆品及毛孔中的污物清洁力强。使用方法为：

a. 将清洁霜薄薄涂于皮肤上。

b. 用指腹轻轻揉搓皮肤，以使污物溶于清洁霜中。

c. 用纸巾或棉片将皮肤擦净。

d. 拍化妆水或用香皂、洗面奶清洁皮肤。

③ 皂液洁面乳的使用。

皂液洁面乳的碱性介于香皂和洗面奶之间，其液体黏稠，适宜油性皮肤，其清洁效果良好。皂液洁面乳的使用方法为：

a. 先将皂液洁面乳适量倒入左手掌心。

b. 右手指沾水后，用中指和无名指指肚在左手掌心成环状打圈，将其稀释并揉搓起泡沫。

c. 将稀释并起泡沫后的皂液涂抹于面部，以洗面动作清洁面部。

d. 用温水、清水洗面部。

3. 脱屑

（1）脱屑方法的分类、基本原理与选择。

脱屑是常见的皮肤护理方法之一。随着皮肤的不断自我更新，最外层的死细胞会不断脱落，由新生的细胞来补充。在某些因素的影响下，死细胞的脱落过程过缓，当其在皮肤表面堆积过厚时，皮肤会显得粗糙、发黄、无光泽，并影响皮肤正常生理功能的发挥。此时可借助人工的方法，帮助堆积在皮肤表层的死细胞脱落，这就是脱屑。

皮肤脱屑的方式可分为三类：自然脱屑、物理性脱屑和化学性脱屑。

自然脱屑——自然脱屑是由皮肤自身正常的新陈代谢过程来完成的。表皮细胞经一定时间由基底层逐渐生长到达皮肤表面，变为角化死细胞而自行脱落。

物理性脱屑——物理性脱屑是不通过任何化学手段，只使用物理的方法使表皮的角质层发生位移、脱落的方法。物理脱屑是利用磨砂膏中细小的砂粒，或磨砂膏中去皮的苹果核、杏仁等破碎的颗粒与皮肤摩擦，使附着于皮肤表皮的死细胞脱落。此脱屑方法对皮肤的刺激性较大，一般情况下，仅适用于油性皮肤。

化学性脱屑——将含有化学成分的去死皮膏、去死皮水涂于皮肤表面，使其将附着于皮肤表层的角质细胞软化，易于脱去的方法，称为化学性脱屑。此脱屑方法适用于干性、衰老性皮肤和较敏感的皮肤。

（2）脱屑的步骤、方法。

① 磨砂膏的使用（如图 3-26 所示）。磨砂膏对皮肤有一定的刺激，频繁使用会伤损皮肤。其使用方法为：

a. 用洗面奶彻底清洁面部，并用蒸汽蒸面后，取适量磨砂膏，分别涂于前额、两颊、鼻部、下颌，均匀抹开。

b. 双手中指、无名指并拢，沾水以指腹按额部、双颊、鼻部、嘴周围、下颌的顺序，打小圈，拉抹揉搓。干性、衰老皮肤脱屑时间短；油性皮肤脱屑时间稍长；“T”形带脱屑时间稍长；眼周围皮肤不做磨砂。整个脱屑过程以 3 分钟左右为宜。

c. 将磨砂膏彻底清洗干净。

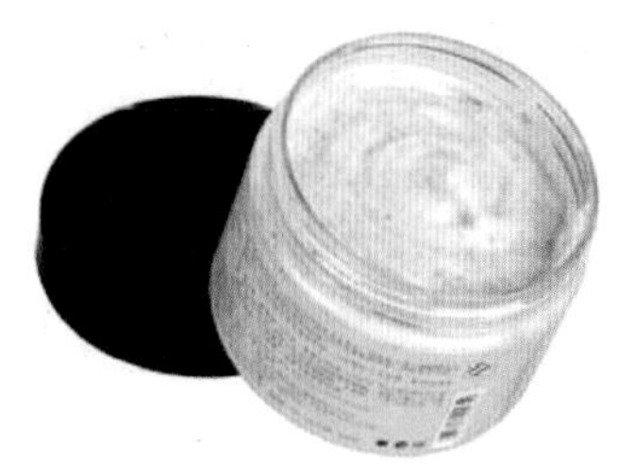

图 3-26　磨砂膏

② 去死皮膏、去死皮液、脱屑水的使用。

a. 将去死皮膏（液）或脱屑水均匀薄涂于面部。

b. 停留片刻（停留时间注意看说明）。

c. 将纸巾垫于面部皮肤四周。

d. 左手食指、中指将面部局部皮肤轻轻绷紧，右手中指无名指腹将绷紧部位的去死皮膏（液）及软化角质细胞一同拉抹除去。拉抹的方向是从下端往上拉抹、从中间部位向两边拉抹。

e. 用清水将去死皮膏（液）彻底洗净。

（3）脱屑的注意事项与禁忌：

① 脱屑的方法与用品应根据顾客的皮肤性质而定，但无论选用物理还是化学脱屑方法，对于皮肤发炎、外伤、严重痤疮、特殊脉管状态等问题皮肤均不适用。

② 脱屑的间隔时间可根据季节、气候、皮肤状态而定，不可过勤，以免损伤皮肤。每月可做 1～2 次。

三、皮肤护理的步骤与方法

（一）皮肤护理的目的

（1）通过定期养护，去除和防止面部皮肤出现痤疮、色斑等各类皮肤问题。

（2）通过对皮肤的按摩、各类护肤品的使用以及各种养护手段、方法，强健肌肤，增强皮肤的活力，延缓衰老。

（3）通过皮肤护理，增加肌肤的弹性、光泽，使人精神焕发，并增强自信心。

（二）皮肤护理的步骤、方法

1. 皮肤护理的基本步骤

（1）清洁面部皮肤。清洁皮肤分人工徒手清洁和仪器清洁两种方法。在实际操作过程中，究竟先用哪一种方法，还应该根据顾客皮肤属性、特点而定。如：油性皮肤因油性大，常常借助磨刷帚进行清洁；而干性皮肤因表面皮脂少，用磨刷帚会过量除去皮脂而使皮肤更加干燥；暗疮皮肤使用磨刷帚清洁会引起皮肤发炎、感染。因此，对于干性皮肤和暗疮皮肤应禁止使用磨刷帚。

（2）判断皮肤性质，制定护理方案。

（3）奥桑蒸汽仪蒸面或热毛巾敷面。用热毛巾敷面的功效与作用同奥桑蒸汽仪蒸面基本一致，但热毛巾敷面不受场地、设备限制，更加简单易行。热敷时，应为顾客准备两条已经彻底消毒的干净毛巾，交替使用，最好使用较厚的、不易散热的毛巾。热毛巾敷面的关键是毛巾的温度，温度偏低起不到热敷作用，过热又会烫伤顾客。毛巾的大小以能覆盖整个面部为宜。热敷步骤为：

① 将毛巾竖着对折两次。

② 将毛巾在热水中浸透后攥干。

③ 将毛巾中部盖住额、眼部，把两端向下、向内对折，露出嘴、鼻孔，盖住双颊、下颌。

④ 两条毛巾交替操作，热敷约 10 分钟即可。

（4）脱屑。操作时，应视不同性质的皮肤，通过控制操作时间的长短和力度的强弱来掌控脱屑的程度。

① 干性皮肤：可使用去死皮膏或脱屑水轻微脱屑。当使用去死皮膏或脱屑水进行脱屑时，可将脱屑操作放在蒸（敷）面步骤的前面。

② 油性皮肤：可使用磨砂膏较深层脱屑。

③ 中性皮肤：介于干、油性皮肤之间。

④ 暗疮、发炎等皮肤：不可进行脱屑。

（5）使用美容电疗仪器进行护理。在皮肤护理过程中，经常需要把某些电疗仪器安排到不同的程序中去使用，以弥补徒手操作的不足。

（6）面部按摩护理。

（7）面膜疗法护理。

（8）滋润皮肤。借助冷式或热式喷雾仪，将皮肤滋润液、收敛剂等液状护肤品喷射在皮肤上，以滋润、收敛皮肤，调节皮肤的酸碱度。

（9）涂营养霜。

（10）结束护理工作。

① 为顾客除去包头毛巾。

② 为顾客除去胸部毛巾。提起左侧毛巾一角至右侧，提起另一角，同时提两端将毛巾提起，把污物抖至桶内。

③ 撤去盖在顾客身上的毛巾被。

④ 帮顾客整理好衣、物、头发。

⑤ 如果顾客需要，可为顾客化妆。

⑥ 以认真、诚恳的态度征求意见，如发现有不妥之处，应及时予以修正。

⑦ 送走顾客后，应立即整理内务。需要整理的内容为：

a. 拧紧、密闭护肤品的瓶盖。

b. 洗净、擦干工具、器皿，并彻底消毒。

c. 切断仪器电源，并进行简单养护。

d. 整理美容床及周围环境。

e. 换上干净的毛巾，做好为下一位顾客进行皮肤护理的准备。

上述 10 个步骤是进行皮肤护理主要的、基本的步骤。由于不同类型的皮肤又各具特点，因此，在进行皮肤护理的过程中，还应根据不同顾客的具体皮肤类型、特点，采用相应的仪器和程序进行护理。

2. 各类型皮肤测试的特点、特征

（1）中性皮肤

中性皮肤是健康理想的皮肤。皮脂腺、汗腺的分泌量适中，皮肤既不干燥也不油腻，红润细腻而富有弹性，厚薄适中，对外界刺激不敏感，没有皮肤瑕疵。中性皮肤多见于青春期前的少女，皮肤 pH 值在 5～5.6 之间。

肉眼观察：皮肤紧绷感约在洗脸后 30 分钟左右消失。皮肤既不干也不油，面色红润，皮肤光滑细嫩，富有弹性。

美容放大镜观察：皮肤纹理不粗不细，毛孔较小。

纸巾擦拭法观察：纸巾上粘油污面积不大，呈微透明状。

美容透视灯观察：皮肤大部分为淡灰色，小面积橙黄色荧光块。

（2）油性皮肤

油性皮肤的皮脂腺分泌旺盛，皮肤油腻光亮，肤色较深，毛孔粗大，皮纹较粗。对外界刺激不敏感，不易产生皱纹，但易生粉刺、痤疮。油性皮肤多见于青春期至 25 岁年轻人，pH 值在 5.6～6.6 之间。可分为普遍油性和超油性两种。

① 普遍油性皮肤。

肉眼观察：皮肤紧绷感于洗脸后 20 分钟之内消失，皮脂分泌量多而使皮肤呈现出油腻光感度。

美容放大镜观察：毛孔较大，皮肤纹理较粗。

纸巾擦拭法观察：纸巾上见大片油迹，呈透明状。

美容透视灯观察：皮肤上见大片橙黄色荧光块。

② 超油性皮肤。超油性皮肤又称暗疮皮肤。它具有普遍油性皮肤的特征，又因皮脂分泌过多，淤于毛囊内不能顺利排出，而使皮肤油腻，并出现黑头、白头、痤疮。

（3）干性皮肤

干性皮肤白皙、细嫩，毛孔细小而不明显。皮肤分泌物较少，皮肤易干燥，易起细小皱纹。受外界刺激较敏感，皮肤易生红斑。皮肤毛细血管较明显，易破裂。干性皮肤的 pH 值在 4.5～5 之间，可分为干性缺水和干性缺油两种。

① 干性缺水皮肤：多见于 35 岁以后及老年人，与汗腺功能减退、皮肤营养不良、缺乏维生素 A、饮水量不足等因素有关。风吹、日晒也可引起皮肤缺水。

肉眼观察：皮肤紧绷感在洗脸后 40 分钟左右才会消失。皮肤较薄，干燥而不润泽，可见细小皮屑，皱纹较明显，皮肤松弛缺乏弹性。

美容放大镜观察：皮纹较细，皮肤毛细血管和皱纹较明显。

纸巾擦拭法观察：类似中性皮肤。

美容透视灯观察：皮肤有少许橙黄色荧光块，白色小块，大部分呈淡紫蓝色。

② 缺油干性皮肤：缺油干性皮肤多见于年轻人，由于皮脂分泌量少，不能滋润皮肤；或护肤方法不当，常用碱性大的香皂洗脸等，导致皮肤缺油。皮肤缺油常伴有皮肤缺水。

肉眼观察：皮肤紧绷感于洗脸后 40 分钟左右消失，皮脂分泌量少，皮肤较干，缺乏光泽。

美容放大镜观察：皮纹细致，毛孔细小不明显，常见细小皮屑。

美容透视灯观察：皮肤有沙旭或没有橙黄色荧光块。

（4）混合性皮肤

混合性皮肤兼有油性皮肤和干性皮肤两种特点，在面部“T”形带（额、鼻、口、下颏）呈油性，其余部位呈干性。混合性皮肤多见于25～35岁之间的人。

任务三　面部按摩

任务情景

现代人生活在紧张而快节奏的环境中，皮肤经常处于紧张、疲劳状态，造成皮肤衰老加快。为了保养皮肤，延缓衰老，人们越来越重视皮肤的护理，而皮肤按摩是保养皮肤的有效方法之一。作为美容师，只有熟练掌握科学的按摩方法，才能在工作中帮助顾客达到满意的护肤效果。

任务要求

了解面部按摩的目的与功效；掌握按摩的步骤、方法。

知识准备

一、面部按摩的目的与功效

（1）增进血液循环，给皮肤组织补充营养。

（2）增加氧气的输送，促进细胞新陈代谢正常进行。

（3）帮助皮肤排泄废物和二氧化碳，减少油脂的积累。

（4）使皮肤组织密实而富有弹性。

（5）排出积于皮下过多的水分，消除肿胀和皮肤松弛现象，有效地延缓皮肤衰老。

（6）使皮下神经松弛，得到充分休息，消除疲劳，减轻肌肉的疼痛和紧张感，令人精神焕发。

二、头、面部常用穴位

头、面部常用穴位如图 3-27 所示。

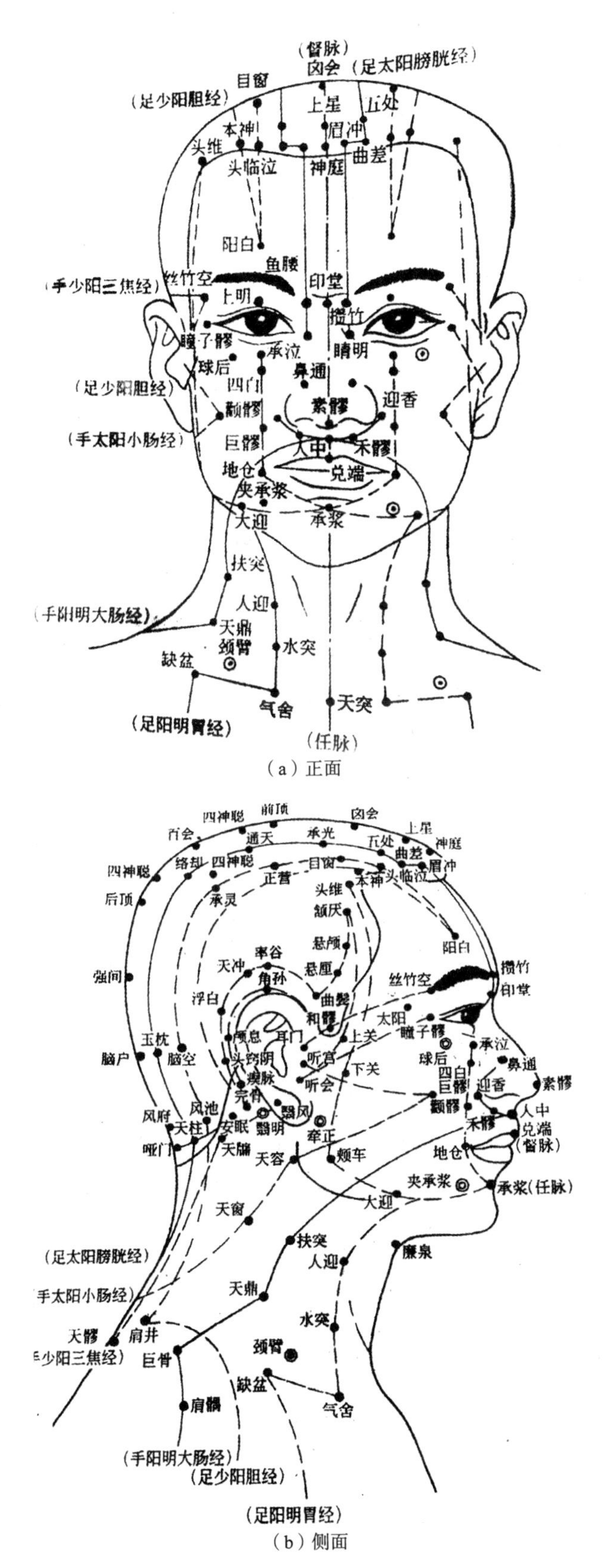

（a）正面

（b）侧面

图 3-27　头、面部常用穴位

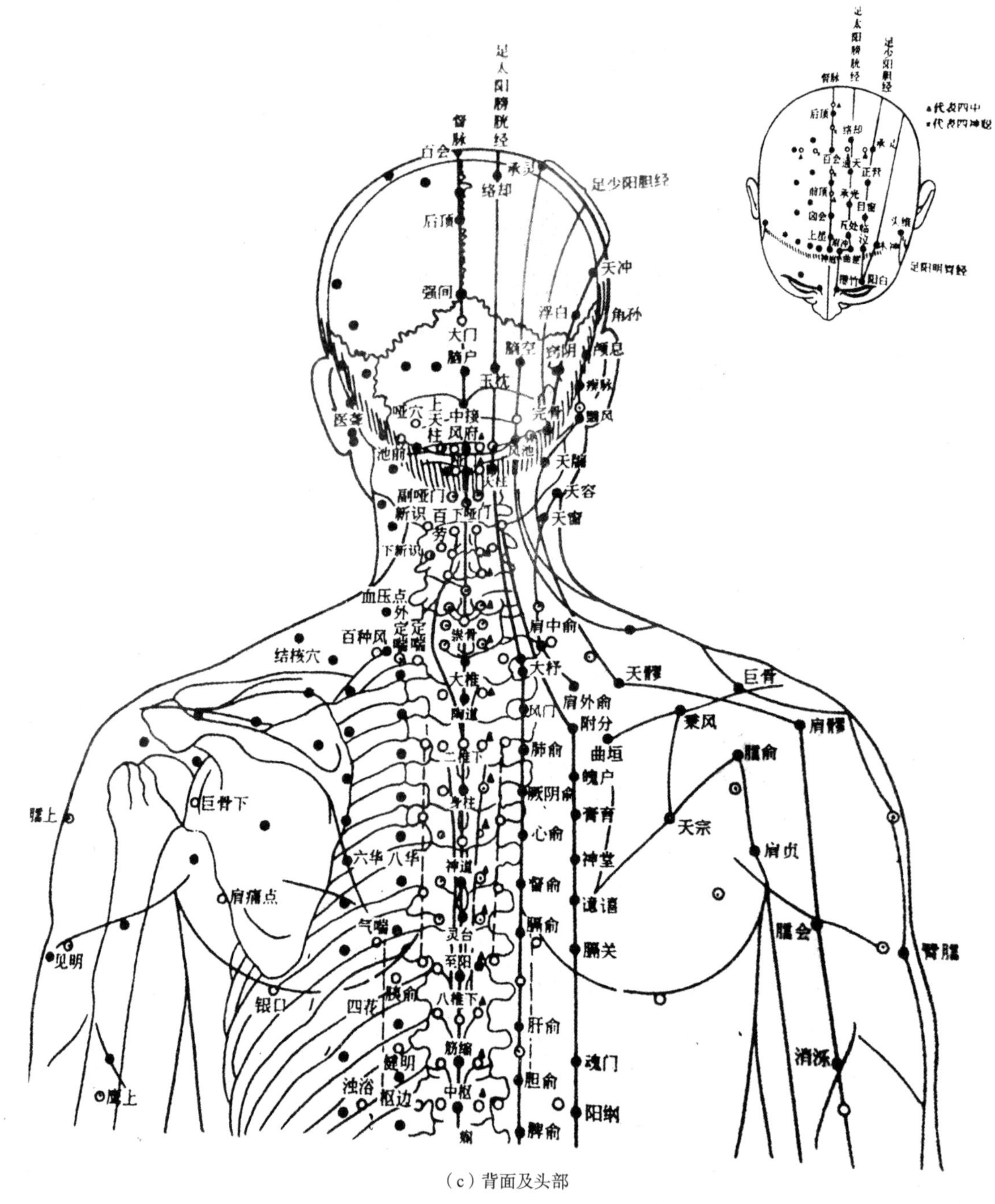

（c）背面及头部

图 3-27　头、面部常用穴位（续）

1. 太阳穴

定位：眉梢与外眼角链接中点外开 1 寸凹陷处。

2. 印堂穴

定位：两眉头连线的中点，对准鼻尖处。

3. 翳风穴

定位：耳垂后方下颌角与颞骨乳突之间凹陷处。

4. 听宫穴

定位：耳屏中点前缘与下颌关节间凹陷处。

5. 听会穴

定位：听宫下方，与耳屏切迹相平。

6. 攒竹穴

定位：眉头内侧端凹陷处。

7. 鱼腰穴

定位：眉毛中点与瞳孔直对处。

8. 丝竹空穴

定位：眉梢外侧端凹陷处。

9. 瞳子髎穴

定位：眼外眦外侧，眶骨外侧缘凹陷中。

10. 承泣穴

定位：眼平视，瞳孔直下 0.7 寸，眼球与眶下缘之间下眶边缘。

11. 迎香穴

定位：鼻翼旁开 0.5 寸，鼻唇沟中。

12. 地仓穴

定位：口角外侧旁开 0.4 寸。

13. 人中穴

定位：鼻唇沟中，上 1/3 处。

14. 承浆穴

定位：颌唇沟中的正中陷处取穴。

15. 上关穴

定位：耳前，颧弓上缘，下关直上方凹陷处。

16. 下关穴

定位：颧弓下缘凹陷处，下颌骨髁状突的前方。

17. 颊车穴

定位：下颌角前上方一横指凹陷中，咀嚼时咬肌隆起最高处。

三、按摩的步骤、方法

面部美容按摩作为皮肤护理的重要内容之一，在世界各地广泛运用，各具特色，起着养颜防衰老的作用。尤其在日本、欧美等发达国家更加普遍。下面介绍的两套常用面部按摩方法，吸收了日式、美式、法式的一些基本按摩手法，并加入了中国传统的点穴内容，具有由易到难、由简到繁，每套各成体系的特点。在学习时，主要注意掌握不同部位的不同方法，在实际运用时，应根据顾客的皮肤特点，灵活运用。

手位约定：为了叙述方便，这里将双手指尖向下，手指垂直两眼连线的手位简称“手竖位”；双手手指平行于两眼连线的手位简称“手横位”。

（一）第一套按摩手法详解（如图 3-28 所示）

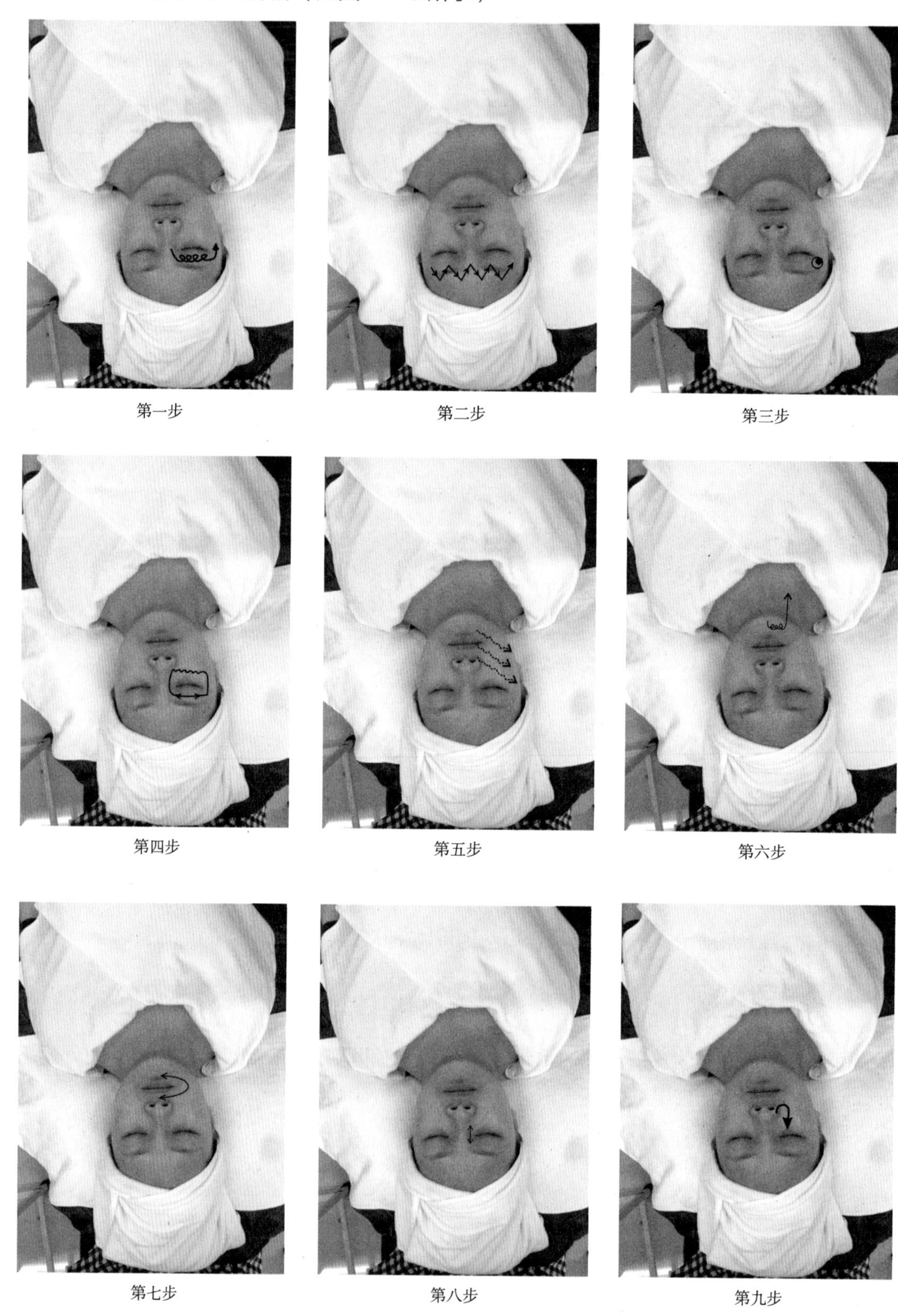

图 3-28 第一套按摩手法循行路线简图

第一步：双手横位，中指无名指并拢，以指腹同时从眉心开始在整个额部向两侧打竖圈，渐至两侧太阳穴后，用中指点按太阳穴，然后迅速抬起，滑至眉心重复。

第二步：双手横位，中指、无名指并拢，自右侧太阳穴，由右向左在额部上下交错轻抹，走“V”字形，到左侧太阳穴处，用左手中指点按太阳穴，然后用同样手法由左向右返回，反复数次。

第三步：双手中指、无名指并拢，在两侧太阳穴用指腹揉 3 圈后点按太阳穴，如此反复。

第四步：双手中指、无名指并拢，手横位，由太阳穴处沿下眼眶打圈至鼻侧时，中指单指沿鼻梁两侧提起至攒竹穴点穴，沿眉毛滑至鱼腰穴点穴，然后中指、无名指并拢，推向太阳穴处，如此反复。

第五步：双手中指、无名指分别并拢，以指腹在面颊分三条线路揉按：从迎香穴经面颊打小圈至上关穴；由地仓穴经面颊至听宫穴；由承浆穴沿下颌经面颊至翳风穴。

第六步：手横位，中指、无名指分别并拢，同时在下颏经面颊至翳风穴。

第七步：双手横位。中指、无名指并拢，以指腹在下颏中部同时向两边拉摩至嘴角后，中指、无名指分开，同时推向上唇外侧和下唇外侧（中指指腹推向上唇外侧，无名指指腹推至下唇外侧）。然后中指、无名指沿相同的路线拉回嘴角处。最后中指、无名指并拢，用指腹摩向下颏中部，反复推摩清洗口周。

第八步：当中指指腹拉抹至眉心处时，双手拇指交叉，用中指指腹沿鼻子两翼上下推拉数次。

第九步：两手拇指交叉，当中指指腹推抹至鼻头两翼时，在鼻头两翼分别向外、向下抹小圈，清洗鼻头，反复数次。

（二）第二套按摩手法详解（如图 3-29 所示）

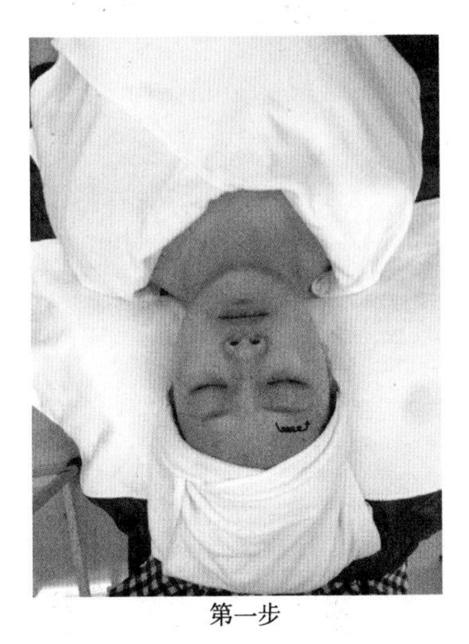
第一步

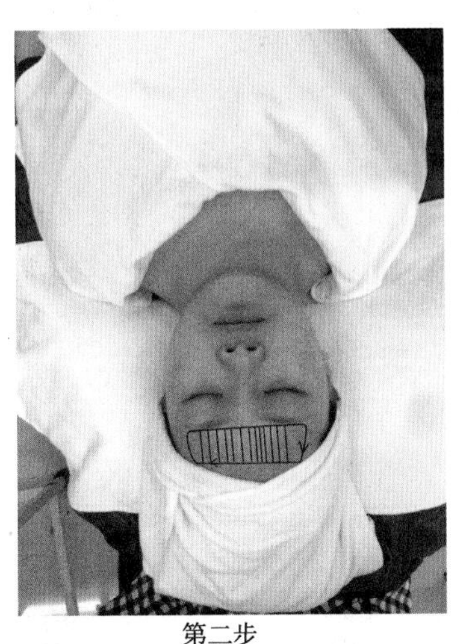
第二步

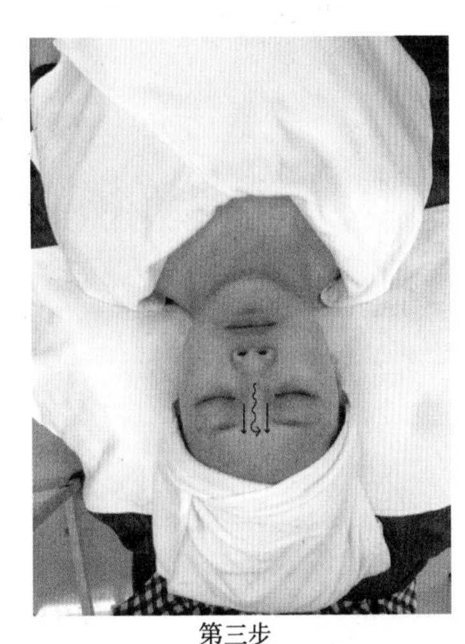
第三步

图 3-29 第二套按摩手法循行路线简图

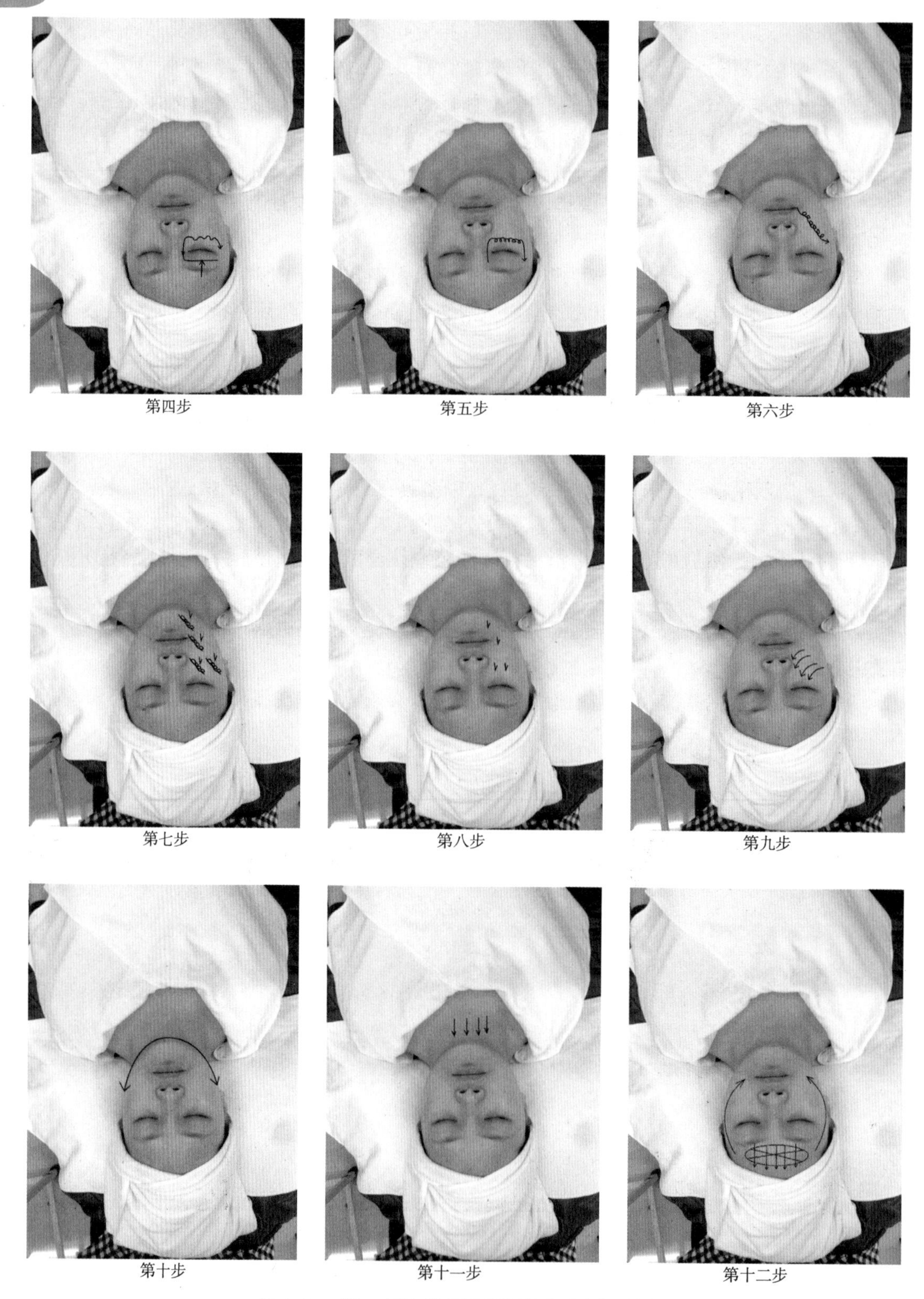

图 3-29　第二套按摩手法循行路线简图（续）

第一步：动作要领同第一套第一步。

第二步：两手横位在额部，左手中指、无名指尽可能大地分开，由右侧太阳穴经额部慢慢向左移动；右手中指、无名指并拢，以指腹在左手中指、无名指之间靠指尖处打竖圈，并随左手一起移动至太阳穴，如此反复。

第三步：在额中部两眉头间，左手竖位，中指、无名指分开，从鼻根部向上至额中部将“川”字纹轻轻展开，慢慢移动；右手竖位叠在左手上，中指、无名指并拢，以指腹在左手中指、无名指之间打横圈，并随左手由鼻根部慢慢移向额中部，如此反复。

第四步：双手中指、无名指并拢，由太阳穴沿下眼眶打小圈按揉至鼻侧，中指单指沿鼻两侧上滑至眉头，按攒竹穴、鱼腰穴，拇指由鱼腰穴上方发际处垂直抹下，与中指并拢，沿眉向外拉抹至丝竹空穴，中指点穴。

第五步：双手竖位，分别以中指指腹从攒竹穴沿鼻两侧推至内眼角处，中指、无名指并拢，以指腹沿下眼眶打小圈至太阳穴处，以中指点穴，然后稍抬起，迅速滑回眉头攒竹穴处。

第六步：双手中指、无名指并拢，从两嘴角至两太阳穴打大圈按摩面颊。

第七步：双手呈半握拳状，用大鱼际依次在下颏、口角、颧部、颊部分别向内侧揉三圈后，用拇指、食指侧边快速捏提一下局部肌肉。

第八步：用上述中的捏提方法，依次快速按摩下颏、口角、颧部、颊部四个部位。

第九步：双手四指分别在两颊轮指（从中指开始，依次为中指、无名指、小指，迅速点弹肌肉）弹按面颊。

第十步：双手横位，五指并拢，全掌着力，交替从对侧耳根沿下颌拉抹到同侧耳根，清洗下颌部皮肤。反复数次。

第十一步：双手横位，五指并拢，全掌、指着力，交替从颈部拉抹至下颏，清洗颈部皮肤。反复数次。

第十二步：两手横位，全掌着力，一手按于额部，另一手拖住下颏，双手同时加力，做震颤性震动。然后双手交换动作。双手掌分别在额部，由眉上至发际缓慢拉抹，渐移至两额角，双手贴面颊轻轻滑下，渐渐离于面颊皮肤，结束全部按摩动作。

四、按摩的基本原则、要求与禁忌

1. 按摩的基本原则

美容按摩具有自身独特的特点，尤其对面部皮肤而言，与其他种类按摩有显著区别：按摩过程中，为了能够真正达到舒经活血，增加代谢，增强机能的目的，应注意遵循以下几个基本原则：

（1）按摩走向从下向上。当人到一定的年龄以后，由于生理机能的减退，肌肤会出现松弛现象。又由于地心引力作用，松弛的肌肉会下垂而显现出衰老的状态。因此在按摩时，不应从上向下进行按摩，否则会促使肌肉下垂加重，加速肌肤的衰老。

（2）按摩走向从里向外，从中间向两边。在进行面部抗衰老性按摩时，应尽量将面部的皱纹展开，并推向面部两侧。

（3）按摩方向与肌肉走向一致、与皮肤皱纹方向垂直。在按摩时，按摩方向应尽量与肌肤走向一致。因为肌肉的走向一般与皱纹的方向是垂直的，因此，在按摩时只要注意走向与皱纹方向垂直，就能保证与肌肉走向基本平行一致。

（4）按摩时尽量减少肌肤的位移。当肌肉发生较大位移时，肌肉运动方向的另一侧的肌纤维势必绷紧，过力、持续的张力，会使肌肤松弛，加速其衰老。因此，在进行按摩时，要尽量减少肌肤的位移。使用足够量的按摩介质是防止肌肤位移的有效方法之一。

2. 按摩的要求

（1）按摩动作要熟练、准确，要求能够配合不同部位的肌肉状态变换手形。手指、掌、腕部动作须灵活、协调，以适应各部位按摩需要。

（2）按摩节奏要平稳。

（3）要按正确的动作频率。先慢后快，先轻后重，有渗透性。

（4）根据皮肤的不同状态、位置，注意调节按摩力度，特别注意眼周围按摩用力要轻。

（5）根据不同部位的按摩要求，合理掌握按摩时间，整个按摩过程动作要连贯。

（6）按摩时间不可太长，以 10～15 分钟为宜。

（7）点穴位置准确，手法正确。

3. 按摩注意事项

（1）在按摩前一定要做面部清洁。

（2）最好在淋浴或蒸喷后，毛孔张开时进行按摩。

（3）按摩过程中，要给予足够的按摩膏（油）。

4. 按摩的禁忌

下列情况不适合做按摩护理：

（1）严重过敏性皮肤。

（2）特殊脉管状态，如毛细血管扩张、毛细血管破裂等。

（3）皮肤急性炎症、皮肤外伤、严重痤疮。

（4）皮肤传染病，如扁平疣、黄水疮等。

（5）严重哮喘病发作期。

（6）骨节肿胀、腺肿胀者。

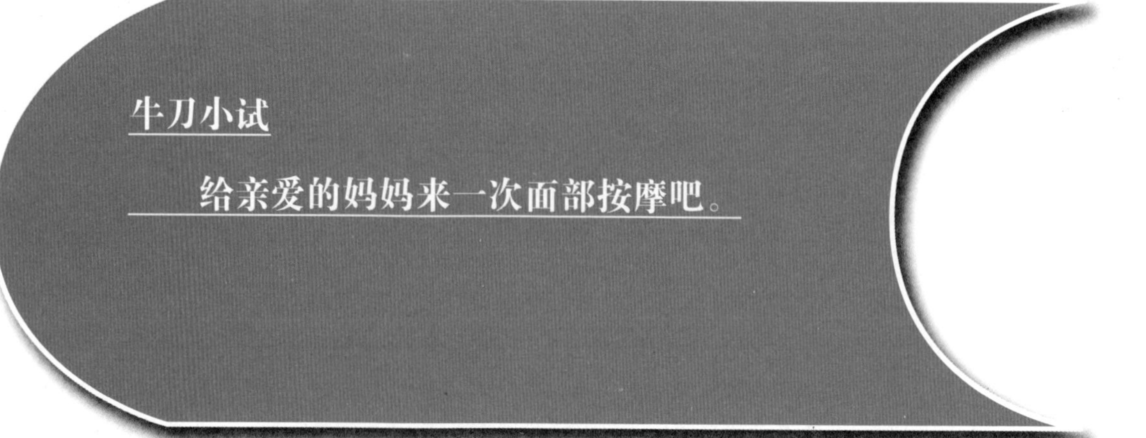

牛刀小试

给亲爱的妈妈来一次面部按摩吧。

任务四 面膜的分类与作用

任务情景

面膜种类繁多，人们也经常做一些面膜让自己的皮肤变得更好，那么面膜到底有哪些分类和作用呢？

任务要求

了解面膜的分类、特点与功效，掌握敷面膜的方法与步骤。

知识准备

一、面膜的分类、功效与敷面膜的目的

（一）敷面膜的目的

面膜是皮肤护理中的重要内容，针对各类皮肤特点定期敷用面膜，可以使油性皮肤脱脂，粗大的毛孔得到收敛，干枯皱褶的皮肤恢复光泽，暗疮皮肤的炎症得到抑制。面膜使用后可使血液循环加快，皮肤绷紧而张力加强，皮肤分泌的皮脂和水分反渗于角质层，使表皮柔软舒展，毛孔本能张开，面膜中的有效成分渗入皮肤被其吸收。同时面膜与皮肤紧紧相贴，当清除面膜时，皮肤上的老化角质、毛孔内的深层污垢也被同时带下，使皮肤清新干净。

（二）常用面膜的分类、特点与功效

常用的面膜有硬膜、软膜、膏状面膜、啫喱面膜、矿泥面膜、果蔬面膜和草药面膜，下面一一说明。

1. 硬膜

硬膜主要成分是医用石膏粉。它的特点是用水调和后凝固很快，涂敷于皮肤后自行凝固成坚硬的膜体，使膜体温度持续渗透。硬膜又分为冷膜和热膜。

（1）冷膜：对皮肤进行冷渗透，具有收敛作用，对毛孔粗大的皮肤有明显的收敛效果，并可改善油性皮肤皮脂分泌过盛的状况。冷膜适用于暗疮皮肤、油性皮肤和敏感皮肤。

（2）热膜：对皮肤进行热渗透，使局部血液循环加快，皮脂腺、汗腺分泌量增加，促进皮肤对营养和药物的吸收，具有增白和减少色斑的效果。热膜适用于干性皮肤、中性皮肤、衰老性皮肤和色斑皮肤。

2. 软膜

软膜是一种粉末状面膜，它的特点是调和后涂敷在皮肤上形成质地细软的薄膜，性质

温和，对皮肤没有压迫感，膜体敷在皮肤上，皮肤自身分泌物被膜体阻隔在膜内，给表皮补充足够的水分，使皮肤明显舒展，细碎皱纹消失。常用的软膜有维生素 E 软膜、叶绿素软膜、当归软膜、珍珠软膜和人参软膜。

（1）维生素 E 软膜：在软膜粉中加入维生素 E 成分，具有抗衰老的作用。适用于衰老性皮肤和敏感性皮肤。

（2）叶绿素软膜：在软膜粉中加入叶绿素成分，具有清凉解毒的作用。适用于油性皮肤和暗疮皮肤。

（3）当归软膜：在软膜粉中加入当归成分，具有改善肤色的作用。适用于缺血性面色苍白或枯黄色的皮肤及色斑皮肤。

（4）珍珠软膜：在软膜粉中加入珍珠粉，可使皮肤光滑细腻延缓衰老。适用于衰老性皮肤和干性皮肤。

（5）肉桂软膜：在软膜粉中加入中药肉桂，具有消炎解毒的作用。适用于暗疮皮肤。

（6）人参软膜：在软膜粉中加入人参成分，具有抗衰老的作用。适用于干性皮肤及衰老性皮肤。

3. 普通膏状面膜

膏状面膜是生产厂家已调好的面膜，一般以罐装出品，它的特点是使用简便，涂敷于皮肤后，随着面膜的逐渐干燥，皮肤有越来越绷紧的感觉，收敛性较强。下面就几种常见的膏状面膜进行说明。

（1）漂白面膜：面膜中添加漂白成分，长期使用可使皮肤洁白，色斑减轻。适用于中性皮肤、油性皮肤和色斑皮肤。

（2）调节面膜：面膜中含有敏感调节剂，使敏感皮肤得到相应的调整。适用于敏感皮肤和干性皮肤。

（3）减脂面膜：面膜中加入分解皮脂成分，这种面膜收敛性强，用后皮肤清爽。适用于油性皮肤。

（4）冷冻面膜：面膜中含有过氧苯酰等具有消炎效果的成分，使暗疮的炎症得到治疗和缓解。适用于暗疮皮肤。

（5）营养面膜：面膜中含有蛋白质、角鲨烯等营养成分，补充皮肤营养。适用于衰老性皮肤和干性皮肤。

4. 啫喱面膜

啫喱面膜呈半透明黏稠状，特点是使用方便，具有补充皮肤水分和清除污垢的作用。啫喱面膜可分为两种类型：可干型和保湿型。

（1）可干啫喱面膜：涂敷于皮肤后逐渐干燥形成薄膜，可整体揭除。汗和皮脂的分泌被阻隔于膜体内，使皮肤表层滋润。膜体与皮肤亲和力较强，揭下膜体时将毛孔深层污垢及老化角质一起带下，这种面膜清洁效果较好，适用于油性皮肤和老化角质堆积较厚的皮肤。

（2）保湿啫喱面膜：涂敷于皮肤后不变干，始终保持原状，这种面膜的有效成分是在潮湿状态下发挥作用的，常用于眼部护理，有较强的滋润作用。

5. 矿泥面膜

它是一种含矿物质黏土的面膜，特点是纯天然性。可恢复皮肤的柔软和光滑感，尤其对暗疮皮肤有明显的改善效果。

6. 果蔬面膜

果蔬面膜取材方便，应用范围广，特点是纯天然性，即时应用。果蔬面膜种类很多，适合于各类皮肤，常用的有：

（1）香蕉泥面膜：含有丰富的维生素及微量元素钙和钾。适用于干性皮肤和敏感性皮肤。

（2）番茄泥面膜：含有丰富的维生素 C，有较强的收敛性。适用于油性皮肤和色斑皮肤。

（3）丝瓜汁面膜：含有多种维生素，有较强的漂白效果，长期使用皮肤细嫩洁白。适用于各种皮肤。

（4）樱桃汁面膜：含有丰富的维生素，可使皮肤色泽红润，舒展皱纹。适用于面色憔悴干枯的皮肤及衰老性皮肤。

（5）柠檬汁面膜：含有丰富的维生素 C，漂白祛斑效果明显。适用于油性皮肤和色斑皮肤。

（6）马铃薯面膜：含有丰富的淀粉质，可除去皮肤中过多的皮脂，并对面部水肿、眼袋突出有较好的改善作用。适用于油性皮肤和水肿部位。

（7）西瓜泥面膜（如图 3-30 所示）：含有丰富的维生素，对日光晒黑的皮肤，油脂过多毛孔较大的皮肤有明显的改善作用。适用于油性皮肤和需要漂白的皮肤。

（8）芹菜汁面膜（如图 3-31 所示）：含有丰富的维生素，可补充皮肤水分，对雀斑皮肤有脱色效果。

（9）茄泥面膜：含有丰富的维生素及矿物质，对于疤痕皮肤有明显的疗效。

（10）草药面膜（如图 3-32 所示）：草药是我国医学的重要组成部分，许多中草药对美容都有独特的功效，草药面膜的特点是取材广泛，简单易用，针对性强，是面膜的重要原料。

图 3-30　西瓜泥面膜

图 3-31　芹菜汁面膜

图 3-32　草药面膜

二、敷面膜的步骤、方法

用面膜为顾客进行皮肤护理，是美容服务的一项重要内容，其关键的技术环节是：根据顾客的皮肤状况正确选用面膜。需兑水调制的面膜，要掌握其稀稠程度，动作熟练、利索、迅速。此项技能需在实践中加强训练。

（一）敷软膜的步骤、方法

软膜一般都是粉状。其操作步骤一般分为 4 步：准备工作、调膜、敷膜和清洗。

1. 准备工作

（1）彻底清洁敷膜部位的皮肤。

（2）如图 3-33 所示，将包头毛巾四周包严。

2. 调膜（如图 3-34 所示）

（1）将适量膜粉置于消毒后的容器内。

（2）加入适量蒸馏水或流质，用导棒迅速将其调成均匀的糊状。调粉过程（倒入蒸馏水时开始计时）应在 15～20 秒内完成。

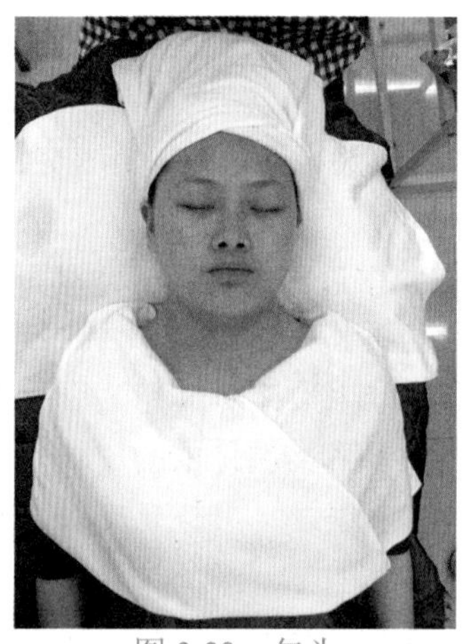

图 3-33　包头

图 3-34　调膜

3. 敷膜（如图 3-35 所示）

用消毒、浸泡后的柔软毛帚将糊状软膜均匀涂于面部。

（1）涂抹顺序：一般情况下，鼻孔下面空气流动大，面膜易干，所以最后涂软膜。涂抹的顺序依次为：前额、双颊、鼻、颈、下颏，口周。

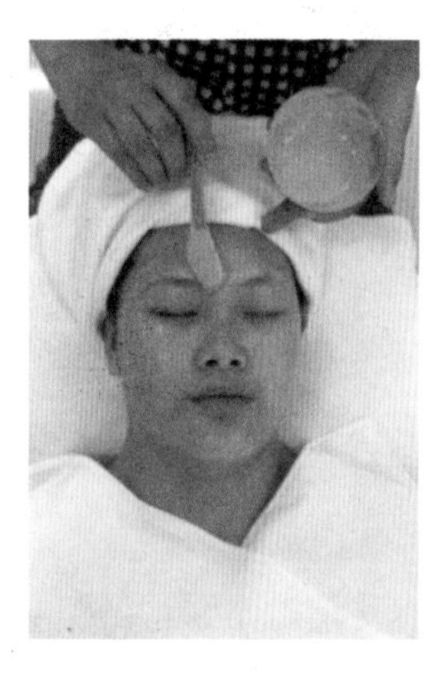

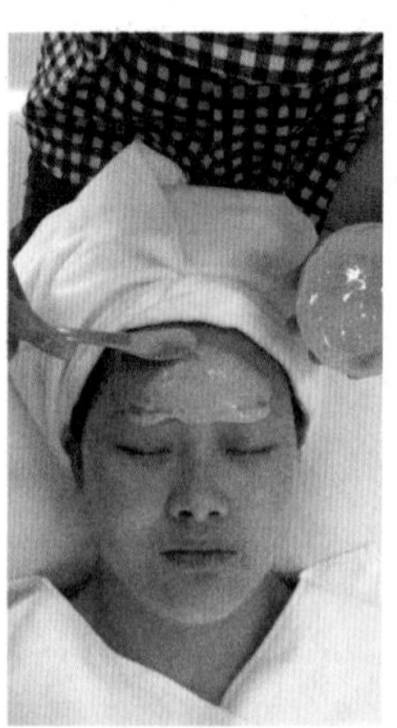

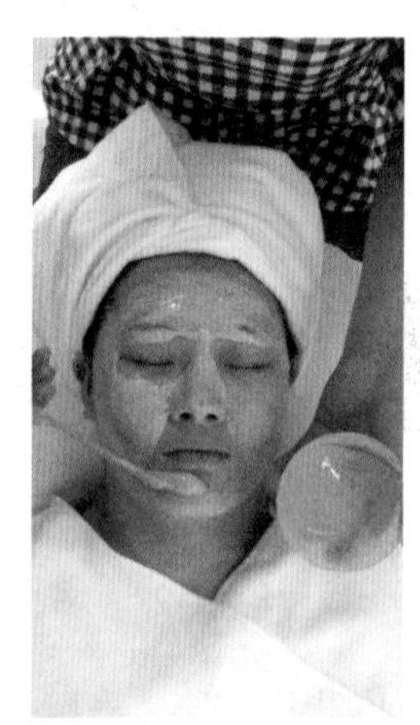

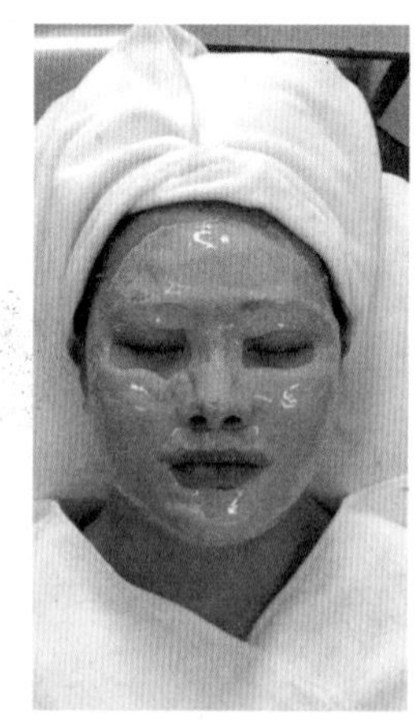

图 3-35　敷膜

（2）涂抹走向：从中间向两边，从下往上涂抹。

（3）涂敷面膜过程应在 1 分钟内完成。

4. 清洗

（1）涂膜后让其自然干透，等待 15～20 分钟。

（2）启膜。若是凝结性面膜，可以从下颌、颈部的膜边将膜掀起，慢慢向上卷起，轻轻撕下；若是非凝结性面膜，应先用海绵扑沾水将其浸湿，待其柔软后轻轻抹去。

（3）用清水彻底洗净。

（4）面部拍（喷）收缩水。

（5）涂营养霜。

（二）敷普通面膜的步骤、方法

普通面膜一般都是膏状。涂抹方法除减去“调膜”步骤外，其他步骤、方法与敷软膜相同。

（三）倒硬膜的操作步骤、方法

倒硬膜的过程一般分五步：准备工作、调膜、敷膜、启膜和清洗。

1. 准备工作

（1）彻底清洁倒膜部位皮肤。

（2）将头重新包好，将头发尽量包入包头毛巾内。

（3）用纸巾将包头毛巾、颈巾包严。

（4）询问顾客有否感冒、咳嗽等呼吸道不适症；有否心脏病、胸闷、恐黑等症，以便确定在倒膜时，是否可以将顾客口、眼盖住。

（5）根据顾客皮肤特点，选用合适的营养底霜，均匀地涂抹于整个面部。眼部可用营养眼霜。对于汗毛过密、偏长者，应将底霜适当涂厚；额部、鼻部、下颏可适当多涂一些底霜，以便于启膜。

（6）用潮湿的薄棉片或两层纱布将眼睛、眉毛、嘴盖住，并用细细的棉絮将鬓角裸露的所有毛发盖住。

当顾客有不适症状时，应适当留出口或眼睛的部位不遮盖不倒膜。

2. 调膜

（1）将 250～300 克的膜粉置于干燥消毒后的容器内。

（2）加入适量的蒸馏水（冬季倒热膜时，应加温的蒸馏水），用导棒将膜粉迅速调成均匀糊状。调膜过程（倒入蒸馏水时计）应在 15～20 秒内完成。

3. 敷膜

用倒棒（或医用压舌板，或金属餐勺）将糊状膜粉迅速、均匀地涂敷于面部。

（1）涂抹顺序、走向：与倒软膜相同。

（2）涂抹部位：一般情况下，倒冷膜时，应将眼睛、鼻孔空出，不倒膜；倒热膜时，除空出鼻孔不倒膜外，全部面颊整个倒膜；遇有顾客恐黑或鼻孔呼吸不畅时，应相应空出眼睛或嘴，不倒膜。

（3）敷膜后，应立即将盛膜粉的容器、倒棒清洗干净。

4. 启模

（1）待敷膜 15～20 分钟后，用手轻触膜面，检查面膜是否干透。

（2）面膜干透后，请顾客做一个笑的动作，以便皮肤与膜面脱离。

（3）双手拇指不动，再用双手食指托住面膜两侧，四指同时用力，将面膜向上轻轻托起，使面膜与脸颊皮肤完全分开。

（4）双手托住面膜，稍离开顾客面部约1厘米左右，停留3～5秒，使顾客眼睛适应光线后，将膜取下丢入污物桶。

（5）清洗

（1）将面部清洗干净。

（2）拍收缩水。

（3）涂润肤营养霜。

三、敷面膜的用品、用具

洗脸盆、包头毛巾、颈巾、洗面海绵等；调制膜粉的容器、倒棒；涂敷软膜、普通面膜的毛帚和倒硬膜的倒棒（或医用压舌板、金属餐勺）；纸巾、底霜、营养霜；面膜：普通面膜、软膜或硬膜。

四、敷面膜的操作要求、注意事项与禁忌

（一）敷面膜的技术操作要求

（1）根据顾客皮肤状态，正确选用面膜。

（2）倒膜部位清楚、正确。

（3）倒膜动作迅速、熟练，涂抹方向、顺序正确。

（4）倒膜厚薄适度、均匀，膜面光滑；硬膜应能整膜取下。

（5）倒膜过程干净、利索，倒膜全部结束，周围不遗留膜粉渣滓。

（二）倒膜注意事项

（1）敷盖在口、眼部的湿棉片既不可太薄，也不能过厚。太薄膜粉会渗透直接接触皮肤，过厚则影响倒膜效果；同样，其大小要合适，棉片太大，影响倒膜效果，过小，不能将口、眼部遮严。

（2）盛倒膜粉的容器，在倒入膜粉前，一定要保持干燥，以免影响倒膜效果。

（3）切忌忘记涂底霜。

（4）切忌在敷倒膜粉前尚有裸露的毛发未被盖严。

（三）敷面膜禁忌

（1）敷面膜对于一些特殊的问题皮肤或特殊情况的顾客，应慎用或禁用，尤其是倒硬膜。

（2）严重过敏性皮肤慎用。

（3）局部有创伤、烫伤、发炎感染等暴露性皮肤症状者禁用。

（4）严重的心脏病、呼吸道感染、血压高的患者，在发病期应慎用或禁用硬膜。

牛刀小试

敷软膜应该怎么操作呢?

任务五 案例分析

任务情景

不同类别的皮肤情况千差万别，同一类皮肤的性质也有其不同之处，不能用同一种方法来处理所有的问题。美容师在实际操作时应灵活运用。

任务要求

1. 熟悉各类型皮肤日常家庭护理保养常识。
2. 掌握清理黑头、白头和脂肪粒的方法及基本要求。

知识准备

一、干性皮肤护理案例

（一）干性皮肤顾客资料登记表（如表 3-4 所示）

表 3-4 干性皮肤顾客资料登记表

检定编号________ 建卡日期________
顾客姓名 李琳琳 性 别 女 年 龄 26 岁
生育情况 未生育 体 重 45kg 血 型________
住 址________ 电 话________
职 业 职员 文化程度 大专

皮肤状况分析	1. 皮肤类型 □中性皮肤 □油性皮肤 □混合性皮肤 □缺乏水分的油性皮肤 ☑缺乏水分的干性皮肤 □缺乏油脂的干性皮肤 2. 皮肤吸收状况 冬天 □差 ☑良好 □相当好 夏天 □差 ☑良好 □相当好 3. 皮肤状况 （1）皮肤湿润度 ☑不足 □平均 □良好 部位 全脸 部位___ 部位___ （2）皮脂分泌 ☑不足 □适当 □过盛 部位___ 部位___ 部位___ （3）皮肤厚度 ☑薄 □较厚 □厚 （4）皮肤质地 □光滑 □粗糙 ☑较粗糙 □极粗糙 □与实际年龄成正比 ☑比实际年龄显老 □比实际年龄显小 （5）毛孔大小 □很细 ☑细 □比较明显 □很明显 （6）皮肤弹性 □差 ☑一般 □良好 （7）肤色 □良好 ☑一般 □偏黑 □偏黄 □苍白，无血色 □较晦暗 （8）颈部肌肉 ☑结实 □有皱纹 □松弛 （9）眼部 □结实紧绷 □略松弛 □松弛 □轻度鱼尾纹 □深度鱼尾纹 □笑纹 ☑轻度黑眼圈 □重度黑眼圈 □暂时性眼袋 □永久性眼袋 □水肿 □脂肪粒 □眼疲劳

续表

<table>
<tr><td>皮肤状况分析</td><td colspan="6">（10）唇部 □干燥，脱皮 □无血色 □肿胀 □皲裂
□唇纹较明显 □唇纹很明显
4. 皮肤问题
□色斑 □痤疮 □老化 □敏感 □过敏 □毛细血管扩张
□日晒伤 □瘢痕 □风团 □红斑 □淤斑 □水疱
□抓痕 □萎缩
其他______
（1）斑点，色素分布区域 □额头 □两颊 □鼻翼
（2）色斑类型 □黄褐斑 □雀斑 □晒伤斑
□瑞尔黑变病 □炎症后色素沉着
其他______
（3）皱纹分布情况 □无 □眼角 □唇角 □额头 □全脸
（4）皱纹深浅 □浅 □较浅 □深 □较深
（5）皮肤敏感反应症状 □发痒 □发红 □灼热 □起疹子
（6）痤疮类型 □白头粉刺 □黑头粉刺 □丘疹 □脓包
□结头 □囊肿 □疤痕
5. 皮肤疾病
□无 □太田痣 □疖 □癣 □扁平疣</td></tr>
<tr><td>健康状况</td><td colspan="6">是否怀孕 □是 ☑否
是否生育 □是 ☑否
是否服用避孕药 □是 ☑否
是否戴隐形眼镜 □是 ☑否
手术内容______
易对哪些药物过敏___无___
生理周期 ☑正常 □不正常
有无如下病史
□心脏病 □高血压 □妇科疾病 □哮喘 □肝炎 □骨头上钢板
□湿疹 □癫痫 □免疫系统疾病□皮肤疾病 □肾疾
其他______</td></tr>
<tr><td>护理方案</td><td colspan="6">（另附页）</td></tr>
<tr><td rowspan="5">护理记录</td><td>日期</td><td>护理前皮肤主要状况</td><td>主要护理程序及方法（是否对原方案进行调整，调整理由等）</td><td>主要产品（是否对原方案进行调整，调整理由等）</td><td>护理后状况</td><td>顾客签字
美容师签字</td></tr>
<tr><td></td><td></td><td></td><td></td><td></td><td>______</td></tr>
<tr><td></td><td></td><td></td><td></td><td></td><td>______</td></tr>
<tr><td></td><td></td><td></td><td></td><td></td><td>______</td></tr>
<tr><td></td><td></td><td></td><td></td><td></td><td>______</td></tr>
</table>

护理目的：1. 加强深层按摩，促进皮脂分泌，使皮肤得到滋润，同时紧实面部肌肉，增加皮肤弹性。
2. 加强深层按摩，促进血液循环，增进新陈代谢，淡化和预防色斑。
3. 补充水分、油分，保持皮肤滋润，减少皱纹，预防衰老。
4. 眼部、颈部、额部较易出现皱纹，着重保养。
5. 护理重点是补充皮肤水分、营养、油分和保湿。

（二）干性皮肤护理实施方案（如表 3-5 所示）

表 3-5　干性皮肤护理实施方案

步骤	产品	所用工具、仪器	操作说明
消毒	70% 酒精	棉片	取酒精时应远离顾客头部，避免溅到顾客眼睛里或皮肤上，对使用的工具、器皿及产品封口处进行消毒
卸妆	卸妆液、洁面霜	小碗 1 个，棉片 8 张，棉棒 8 根	动作小而轻，勿将产品弄进顾客眼睛里，棉片、棉棒用一次即丢掉
清洁	保湿洁面乳	小碗 1 个，洗面海绵或小方巾、洗面盆	动作轻快、整个时间 1 分钟即可，T 形区部分时间稍长
爽肤	双重保湿柔肤水	棉片	用棉片蘸柔肤水擦拭 2～3 遍，进一步清洁皮肤，平衡 pH 值
观察皮肤	—	美容放大镜	看清皮肤问题，操作有的放矢
蒸面	—	喷雾仪	用棉片盖住双眼，不开臭氧喷雾，喷口与皮肤的距离在 35 厘米以上，时间 3 分钟
去角质	去角质液或柔和去角质霜	纸巾若干张	操作之前需重新包头并注意将耳朵包进去，避开眼部，动作轻柔，用纸巾保护好脸周围、颈部，避免产品进入发际，每月只做 1 次
按摩	滋润按摩膏可加精华素	徒手按摩	以按抚为主的深层按摩进行 10～15 分钟，不要忽略颈部
仪器护理	营养精华素或保湿精华素	超声波美容仪，吸管、小碗	脸部用连续波导入精华素，全脸时间不超过 8 分钟
敷面膜	高效滋润面膜，也可用营养性面膜	调棒、调勺、面膜碗、纱布	可用高级滋润面膜做底霜，再加热膜（需加纱布隔离）10～15 分钟，增强产品渗透效果，另可涂上眼膜，唇膜、颈膜
爽肤	双重保湿水	—	手拍即可，用手将保湿水轻拍于面部
日霜	保湿日霜或再加防晒霜、眼霜	—	应特别注意加防晒霜
家庭护理计划	日间护理	早晨温水 →双重保湿水→眼霜＋保湿日霜＋防晒霜	
	晚间护理	保湿洗面乳＋卸妆液→双重保湿水 →眼霜＋晚霜（精华素）	
	每周护理	自我按摩＋保湿精华素＋滋润面膜＋眼膜＋颈膜，每周 2 次	
	自我保养	详见干性皮肤家庭保养方案	

（三）干性皮肤家庭保养方案

1. 洗面奶的使用

宜用特别温和的油包水乳液，既可以清除能溶于油的污垢，同时也可以很快补充清洗掉的油分，非常适合中性、干性皮肤。选择适合顾客皮肤状况的洁面方法，洗脸 15 分钟后触摸皮肤，应感到十分柔软而不紧绷为宜。冬天只晚间用一次洗面奶；夏天视皮肤需求适当增加，一天洁面不宜超过 3 次。

2. 眼部卸妆液

干性皮肤卸妆时更应用眼部卸妆液。其纯净的油分，并蕴含多种成分的油基乳液很容易卸掉不溶于水的眼妆。通过泪腺测试，眼部卸妆液不会刺激眼睛和皮肤。

3. 面部卸妆乳

干性皮肤一般角质层较薄，皮肤易脱屑，有的甚至容易过敏，因此，选择卸妆品时可选择性质温和的卸妆油或卸妆乳。这样，既能去除脂溶性的脸部彩妆，又避免刺激皮肤。

4. 清洁

早晨只需用温水，过冷或过热的水都可能刺激原本就很脆弱的皮肤，还会使皮肤丢失宝贵的皮脂，从而导致皮肤表面脱屑。洗面时只需用指端轻轻清洗，不要用力牵扯皮肤。清洗完后，马上抹上柔肤水和滋润保温乳。每天早、晚一次洗面即可，过多会让皮肤失去保护层而变得敏感。

5. 日霜选择

干性皮肤特别需要水分和油分的滋润。寒冷、大风、干燥的空气及紫外线等因素会令皮肤更加干燥和敏感，使皮肤流失水分和油分。日霜可以帮助补充水分和营养，也可以保护皮肤免受环境因素的侵害。许多日霜中还加入了防晒成分。干性皮肤一年四季都可使用 SPF15 防晒乳，夏天改为 SPF30。应戴太阳镜和打遮阳伞，避免紫外线的伤害而使皮肤提前老化。随着年龄的增大，皮肤的新陈代谢减慢，皮脂分泌就会随之减少或完全停止，皮肤透明质酸的产生也越来越少。透明质酸可以锁住水分，在购买保湿霜时应注意是否含此成分。此外，植物油以及芦荟、橄榄、麦胚提取物可以恢复皮肤的再生能力和自我保护能力。

6. 干性皮肤的秋冬季保养

秋冬季时，干性皮肤的皮脂分泌会减少，如果温度再低一些就会完全停止分泌。皮脂不足对干性皮肤来说意味着更少的保护和更多的水分流失。此外，温度太低，氧气和养分的供应也会受阻。所以，秋冬季需厚厚地涂抹较滋润的护肤品，坚持每周进行面膜护理。

7. 干性皮肤晚霜的选择

涂晚霜的目的是促进表皮细胞的再生，营养及滋润皮肤，预防皮肤过早老化及帮助延缓皮肤衰老过程。干性皮肤皮脂腺分泌在夜间会减少。年龄越大，需要的营养成分就越多。所以，干性皮肤晚间护理更需要选择营养成分含量较高，滋润性较强的产品。涂晚霜时量可多一些，最好配以较柔和的按摩，增强吸收效果。

8. 干性皮肤眼部护理

干性皮肤的眼部皮肤保养显得比其他部位更加重要。可选择高效营养眼霜，以有效增强结缔组织活力。每周用 2～3 次精华素（倒在棉片上敷眼部 10 分钟）或使用眼膜。

9. 饮食与习惯

注意营养平衡，适当吃一些高蛋白及富含维生素 A 和脂肪的食物，如牛奶、猪肝、鸡蛋、鱼类、香菇及南瓜等，要多喝水。保持充足睡眠、心情舒畅，晚上不要熬夜。不吸烟、饮酒，烟酒会使皮肤变得粗糙，且加速皮肤的衰老。

二、油性皮肤护理案例

（一）油性皮肤顾客资料登记表（如表 3-6 所示）

表 3-6　油性皮肤顾客资料登记表

检定编号＿＿＿＿＿＿＿＿　　建卡日期＿＿＿＿＿＿＿＿

顾客姓名＿李青＿　　性　别＿女＿　　性　别＿27 岁＿

生育情况＿未生育＿　　体　重＿48kg＿　　血　型＿B 型＿

住　址＿＿＿＿＿＿＿＿＿＿＿＿＿＿＿＿　　电　话＿＿＿＿＿＿＿＿＿＿

职　业＿职员＿＿＿　　文化程度＿本科＿

皮肤状况分析

1. 皮肤类型

☐缺乏水分的油性皮肤

☐缺乏水分的干性皮肤

☐缺乏油脂的干性皮肤

2. 皮服吸收状况

冬天 ☐差　☑良好　☐相当好

夏天 ☐差　☑良好　☐相当好

3. 皮肤状况

（1）皮肤湿润度 ☐不足　☐不均　☐良好

部位＿＿＿　部位＿＿＿　部位＿＿＿

（2）皮脂分泌 ☐不足　☐适当　☐过盛

部位＿＿＿　部位＿＿＿　部位＿T 形区部位＿

（3）皮肤厚度 ☐薄　☐较厚　☐厚

（4）皮肤质地 ☐光滑　☐粗糙　☐较粗糙　☐极粗糙

☐与实际年龄成正比　☐比实际年龄显老

☐比实际年龄显小

（5）毛孔大小 ☐很细　☐细　☐比较明显　☐很明显

（6）皮肤弹性 ☐差　☐一般　☐良好

（7）肤色 ☐良好　☐一般　☐偏黑　☐偏黄

☐苍白，无血色　☐较暗黄

（8）颈部肌肉 ☐结实　☐有皱纹　☐松弛

（9）眼部 ☐结实紧绷　☐略松弛　☐松弛

☐轻度鱼尾纹　☐深度鱼尾纹　☐笑纹

☐轻度黑眼圈　☐重度黑眼圈

☐暂时性眼袋　☐永久性眼袋

☐水肿　☐脂肪粒　☐眼疲劳

（10）唇部 ☐干燥，脱皮　☐无血色　☐肿胀　☐皲裂

☐唇纹较明显　☐唇纹很明显

4. 皮肤问题

☐色斑　☐痤疮　☐老化　☐敏感　☐过敏　☐毛细血管扩张

☐日晒伤　☐瘢痕　☐风团　☐红斑　☐淤斑　☐水疱

☐抓痕　☐萎缩

其他＿＿＿＿＿＿＿＿＿＿＿＿＿

（1）斑点，色素分布区域 ☐额头　☐两颊　☐鼻翼

（2）色斑类型 ☐黄褐斑　☐雀斑　☐晒伤斑

☐瑞尔黑变病　☐炎症后色素沉着

其他＿＿＿＿＿＿＿＿＿＿＿＿

（3）皱纹分布情况 ☐无　☐眼角　☐唇角　☐额头　☐全脸

（4）皱纹深浅 ☐浅　☐较浅　☐深　☐较深

（5）皮肤敏感反应症状 ☐发痒　☐发红　☐灼热　☐起疹子

（6）痤疮类型 ☐白头粉刺　☐黑头粉刺　☐丘疹　☐脓包

☐结头　☐囊肿　☐疤痕

5. 皮肤疾病

☐无　☐太田痣　☐疖　☐癣　☐扁平疣

（二）油性皮肤护理实施方案（如表 3-7 所示）

表 3-7 油性皮肤护理实施方案

步 骤	产 品	所用工具	操作说明
消毒	70% 酒精	棉布	取酒精时应远离顾客头部，避免溅到顾客眼睛里或皮肤上，对使用工具，器皿及产品封口处进行消毒
卸妆	卸妆液，洁面霜或卸妆乳	小碗 1 个，棉片 8 张，棉棒 8 根。	动作小而轻，勿将产品弄进顾客眼睛里，棉片，棉棒用一次即丢掉
清洁	洗面凝胶	小碗 1 个，洗面巾或小面巾，洗面盆	动作轻快，时间 2～3 分钟，毛孔粗大部位多清洗 2 次。
爽肤	保湿柔肤水	棉片	用棉片蘸柔肤水擦拭 2～3 遍，进一步清洁皮肤，平衡 pH 值
观察皮肤	—	肉眼观察或用美容放大镜	看皮肤的问题，操作有的放矢
正面	—	喷雾仪	用棉布盖住双眼蒸 5 分钟，喷口与皮肤距离为 25 厘米，臭氧喷雾器时间 5 分钟
去角质	磨砂膏（或去角质膏）	纸巾若干张	操作之前需重新包头并注意将耳朵包进去，避开眼部，动作轻柔，用纸巾保护好脸周围、颈部，避免产品进入发际，每月可做 3 次
☆仪器护理（该步骤与下一步骤只选取一）	—	真空吸眼仪，高频电疗仪	用真空负压吸除黑头和毛孔中的污物，3～5 分钟。用高频电压直接对皮肤进行杀菌，平衡过多的油脂，每月 2 次
洗白头、黑头脂肪粒	70% 酒精	棉片或暗疮针、美容放大镜	油性皮肤常伴有黑头、白头、脂肪粒，如不及时清除会使痤疮恶化。清除时，应先用酒精消毒局部，再采用手或针清方式清除，最后再次进行消毒
按摩	水分按摩膏或青瓜、薄荷按摩膏	徒手按摩	摩擦生热，时间过长会加速皮脂腺分泌，时间不超过 10 分钟，手法以点穴按摩为主，也可采用贾克奎医生按摩法
☆仪器护理	—	高频电疗仪	用高频电疗仪对皮肤进行消炎、杀菌，预防感染
敷面膜	油脂平衡面膜、冷膜	调棒、调勺、面膜碗、纱布	敷油脂平衡面膜时间 10～15 分钟，如需加冷膜一定用纱布隔离
爽肤	收缩水	—	手拍即可，暂时可收缩毛孔，平衡油脂分泌
日霜	水分日霜（防晒霜）	—	注意选用清爽无油的产品
家庭护理计划	日间护理	油性洁面凝胶→植物收敛水→眼霜 + 水分日霜 + 无油防晒霜	
	晚间护理	卸妆液 + 油性洁面凝胶→植物收敛水→眼霜 + 水分日霜（无须用晚霜）	
	每周护理	自我按摩（或使用油脂平衡面膜）+ 眼膜，每周补充 1～2 次，每次 10～15 分钟	
	自我保养	详见油性皮肤家庭护理方案	

（三）油性皮肤家庭保养方案

1. 清洁

油性皮肤的保养重点就是清洁，一定要保持毛孔通畅，皮肤洁净，才能预防痤疮的产生。

水根本不能清洁油性皮肤毛孔中多余的皮脂、污垢、老化和死亡细胞。只有清洁类产品才可以溶解污垢并使其可以被水洗掉，如果清洁性能过强，则会破坏皮脂膜，但清洁不彻底，皮肤又会黯淡无光或容易发炎。因此，应选择适宜的清洁产品。洗脸后注意用柔肤水进行酸碱度调节。

油性皮肤的程度也有差别，在选择清洁产品时可根据实际情况选择泡沫、凝胶、清洁霜类产品，最重要的是用后皮肤不紧绷、清爽、舒适，适合自己皮肤状况。冬天早、晚 1 次，夏天早、中、晚 3 次为宜。平时，皮肤如果出油过多，可用吸油纸去除多余的油脂，但不可太勤，否则水油失衡会造成皮脂分泌更加旺盛。

2. 日霜的使用

适合油性皮肤使用的日霜应清爽少油，以补充水分或控油产品为主，但还应根据季节情况而定。夏天和特别油腻的皮肤只用柔肤水或无油防晒霜即可。

如果油性皮肤因角质层功能失调而导致皮肤缺水、脱皮，应及时补充能锁住水分的保湿产品。

3. 晚霜的使用

油性皮肤的护理重点是保湿，晚间只需用柔肤水及具有控油成分的精华素，如维生素 C 即可。

4. 眼霜的使用

油性皮肤虽然油脂分泌旺盛，但眼周的油脂总是较少，同样需要额外补充。所以，油性皮肤一年四季，每天早、晚都需用眼霜。

除了以上保养方案外，油性皮肤者应定期到美容院做深层清洁。日常的表层清洁很难彻底清除多余油脂、老化角质细胞，日积月累，皮肤就会发黄、粗糙、无光泽，很容易引发痤疮。

5. 饮食

油性皮肤的人应特别注意饮食结构，巧克力、奶油、咖啡、海鲜、辛辣刺激性食物及烟酒等应尽量避免，建议多吃新鲜水果、蔬菜、纤维食物，多喝水、保持肠胃功能正常，防止便秘。

（四）清除痤疮、黑头、白头及脂肪粒的方法与操作

1. 清除黑头的常用方法

（1）使用去黑头贴：去黑头贴的表面一般都附有水溶性胶，使用时将去黑头贴贴在黑头部位，借助粘力将黑头去除。该方法的特点是简单方便，但对深层黑头作用较小。

（2）使用真空吸啜仪：借助真空吸啜仪去除黑头，特点是吸力大，清除较为彻底，但若反复使用或使用方法不当，易导致毛孔扩大，对肌肉组织弹性也有一定影响。

（3）手清：手清是最为传统的去黑头方法，在某些国家被普遍采用，它比暗疮针更能减少对囊壁的破坏，从而减少粉刺色素及疤痕的形成，比针清更为彻底。也有专家认为该方法容易造成粉刺向炎症损害转化，不宜采用。

（4）针清：针清是目前运用较多的方法，特点是清除较为彻底，但容易造成囊壁破裂及感染。

（5）使用黑头导出液：将黑头导出液浸湿棉片敷于黑头部位10～15分钟，乳化黑头，使之自然浮出皮肤表面，再用暗疮针有小圆环的一端轻轻刮去，是一种较新的去黑头方法。

2. 手清痤疮、黑头

（1）工具：消毒棉片或纸巾、70%的酒精或其他有效消毒杀菌剂、收敛水。

（2）方法：

① 清洁，包括卸妆和洁面。

② 蒸面。

③ 去角质。

④ 观察痤疮成熟情况。

⑤ 用酒精对局部皮肤进行清洁。

⑥ 挤压。

a. 将浸透收敛水的薄棉片挤干水分后包缠在双手食指上（指甲部分务必包好），也可用消毒后的洁面纸巾，将其对折后包住食指。

b. 双手指尖对称地在痤疮四周从底部往上轻挤，直到看见堵塞的脂肪颗粒或脂栓被挤出为止。如果挤压不出，证明尚未成熟，可等成熟后再清除。

c. 注意不要用指甲用力，否则可能会因刺激过大而留下色素及疤痕。

d. 处理完一个部位之后必须将棉片调整至干净的一面或更换棉片，再继续进行操作。

e. 注意不可在鼻梁的软骨上以水平方向挤压，而应以垂直方向挤出鼻部的黑头。

f. 面部危险三角区的痤疮不可挤压。

⑦ 清洗。新鲜的创面不宜用酒精消毒，它对皮肤的刺激较大。可先用收敛水局部收敛皮肤，并用干的消毒棉球吸干水分后，再用高频电疗仪进行消毒，最后敷具有消毒杀菌功效的面膜或用消毒棉签在创面涂抹创膏之类的产品。用过的棉签应及时丢弃。

3. 手清白头、脂肪粒

其程序与手清痤疮一样，但由于白头及脂肪粒表面被皮肤所覆盖，无法直接挤出，因此，在挤压之前最好先用消毒后的暗疮针或医用一次性刺针从白头侧面轻轻挑开毛囊口或表皮，再用挤痤疮的方法多次重复地将内含物压出。这样，会减少挤压对皮肤的损害及减轻顾客的疼痛感。但也有一些白头长得很深，针难以刺破，可建议顾客去医院用医疗方法帮助清除。

4. 针清痤疮、白头、黑头

（1）工具：暗疮针（即清理粉刺的一种工具）、70%酒精、收敛水、消毒棉球。

（2）方法：

① 清洁，包括卸妆和洁面。

② 蒸面。

③ 去角质。

④ 观察痤疮成熟情况。

⑤ 用70%酒精棉球擦拭暗疮针，并用适量酒精对粉刺处皮肤进行清洁消毒。

⑥ 刺破。白头粉刺或脂肪粒必须先刺破，黑头粉刺则不必。以近乎平行于皮肤的角度，

顺毛孔方向（因为汗毛的生长方向是倾斜的，粉刺的形成方向也是如此）用暗疮针尖锐的一端，从粉刺顶端最薄最白的部位将其轻轻刺破，迅速拔出。切忌与皮肤呈直角进针，否则无法将囊内堵塞的脂肪颗粒或脂栓彻底刮出。

⑦ 挤压。将暗疮针有小圆环的一端轻轻压住粉刺附近的皮肤或进针部位的对侧皮肤，向针眼处平移暗疮针并加力，使堵塞的脂肪颗粒或脂栓顺针眼挤出。应小心地从各个角度用力，这样脂肪颗粒或脂栓才会被挤压出来，同时还可以减轻疼痛。

⑧ 清洗。用消毒棉球将挤出的脂肪颗粒或脂栓擦干净，以收敛水局部收敛皮肤，并用消毒棉球吸干水分后，再用高频电疗仪进行消毒，最后敷具有消毒杀菌功效的面膜或用消毒棉签涂抹痤疮膏之类的产品。操作完毕，应及时将暗疮针彻底清洗、消毒。

5. 清除痤疮、黑头、白头及脂肪粒的注意事项

（1）无论是黑头粉刺还是白头粉刺，都不宜过分挤压，否则会使粉刺情况恶化。

（2）当粉刺向丘疹转化时，颜色发红，则表示已有炎症发生，此时，绝对不能再按照常规办法进行清除。

（3）针清前，必须做好器械及皮肤的清洁、消毒。暗疮针每挑一个部位，必须再用酒精消毒，以免造成交叉感染。

（4）长在面部危险三角区的粉刺不能用手挤，以免炎症扩散入脑。

（5）注意刺破时务必在皮肤表面，千万不可刺破深部的囊壁，使皮脂及细菌侵入真皮，导致粉刺情况恶化。

项目四　身体皮肤护理

项目引领

大多数人往往特别注意保养面部肌肤，而忽略了身体皮肤的护理。其实，随着岁月的流逝，不止面部皮肤会变化，身体的皮肤也一样会松弛、长斑、干燥。算算看，你花在身体护理上的时间是面部的几分之几。所以，是时候给全身皮肤全面的呵护了（如图4-1所示）。项目四将带领你了解身体各部位皮肤护理和保养的方法。

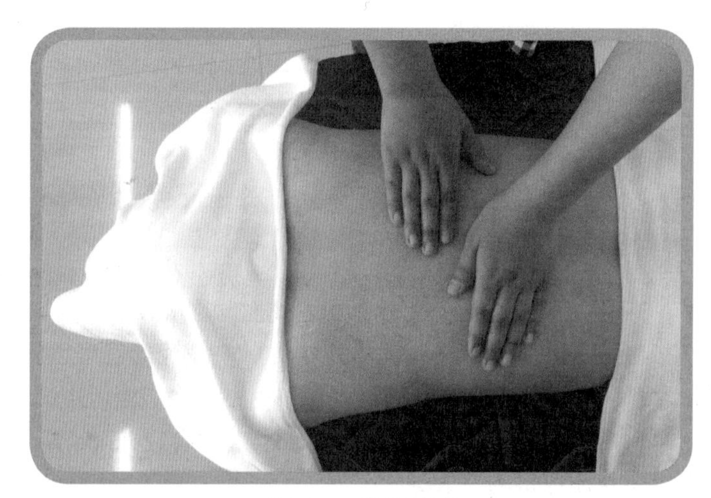

图 4-1　背部护理

项目目标

知识目标：

1. 了解相关的皮肤生理知识。
2. 了解肩部骨骼、肌肉的位置、构成。
3. 熟记肩、颈、头部美容常用穴位的取位。
4. 了解不同年龄段人的皮肤护理重点。
5. 了解正确选用护肤类化妆品的意义及选择化妆品时的注意事项。

技能目标：

1. 掌握身体皮肤护理的方法及基本按摩手法。
2. 掌握头、肩、颈部按摩手法。
3. 掌握手部护理的方法。
4. 掌握身体各部位皮肤日常保养的方法。
5. 掌握常见问题皮肤对护肤类化妆品的选择方法。

任务一　皮肤生理知识

任务情景

每个人的皮肤状况各不相同，天生丽质的人少之又少。好皮肤不仅与遗传有关，更离不开科学的保养。对皮肤生理知识的认识则是科学保养的基础。

任务要求

了解相关的皮肤生理知识。

知识准备

一、皮肤的血管

皮肤的血管由皮下深层动脉、静脉分支而来。小动脉与小静脉在皮下组织层并行，走向与皮肤表面平行，并有分支达到真皮层，形成毛细血管网和动、静脉吻合支。

在正常情况下，血液小动脉毛细血管网流入小静脉。在流经毛细血管网时，与皮肤细胞进行物质交换，为细胞提供营养物质、氧气等，并带走细胞代谢产生的废物和二氧化碳。当气温较低时，大部分血液不经过毛细血管网，由小动脉经真皮层的动、静脉吻合支直接进入小静脉中，以减少身体热量的散失。

经常做皮肤按摩，可以促进皮肤血液循环，保证皮肤细胞得到充足的营养，加速新陈代谢，防止皮肤衰老。

二、皮肤的淋巴管

真皮层中含有丰富的淋巴管，与真皮深层的淋巴管相通，再经皮下组织的淋巴管到达附近淋巴结。

淋巴液为无色透明的液体，是血液经毛细血管壁渗透到组织细胞间形成的。它从血液中携带养分，供给细胞利用，并带走细胞的代谢废物。淋巴液由组织液进入淋巴管，流经淋巴结后，最终回到静脉中，良好的淋巴循环是皮肤健康的重要保障。

三、皮肤的神经

皮肤的神经有三种，即感觉神经纤维、运动神经纤维和分泌神经纤维。

1. 感觉神经纤维

皮肤中存在丰富的感觉神经末梢，使皮肤产生触觉、痛觉、压力觉、冷觉、热觉等。触觉感受器呈椭圆形，分布于真皮乳头层，指尖皮肤内最多，触觉最灵敏。痛觉感受器呈网状、小球状、位于表皮内。温觉感受器分两种，接受冷觉的呈球状，位于真皮层；接受热觉的为棱形，位于真皮深层。压力感受器呈同心圆形，位于真皮层深层和皮下组织。

2. 运动神经纤维

运动神经纤维存在于真皮中，附于立毛肌上，支配立毛肌运动。

3. 分泌神经纤维

分泌神经纤维分布于皮脂腺、汗腺上，支配腺体的分泌活动。

四、皮肤的肌肉

皮肤的肌肉主要为立毛肌，属不随意肌。它一端固定于毛囊，另一端固定于乳头层纤维组织上，收缩时可以使毛发竖起。

五、皮肤的保护性功能

1. 防御机械性刺激

皮肤覆盖在人体表面，表皮各层细胞紧密连接。真皮中含有大量的胶原纤维和弹力纤维，使皮肤既坚韧又柔软，具有一定的抗牵拉性和弹性。当受外力摩擦或牵拉后，仍能保持完整，并在外力去除后恢复原状。皮下组织疏松，含有大量脂肪细胞，有软垫作用，可缓冲外力的撞击，保护内部组织不受损伤。

2. 防御物理性刺激

皮肤可以阻绝电流，阻挡紫外线，防止体内水分蒸发及体外水分渗入。角质层是不良导体，对电流有一定的绝缘能力，可以防止一定量电流对人体的伤害。角质层和黑色素颗粒能反射和吸收部分紫外线，阻止其摄入体内，伤害内部组织。如长期日晒，皮肤角质层会相应变厚，黑色素颗粒增多，皮肤的外观会变得粗糙，肤色加深。皮脂腺能分泌皮脂，汗腺分泌汗液，两者混合在皮肤表面形成一层乳化皮脂膜。它可以滋润角质层，防止皮肤干裂，阻止体内水分被蒸发和体外水分的透入。

3. 防御化学性刺激

角质层细胞的主要成分为角质蛋白，对弱酸、弱碱的腐蚀有一定抵抗力。汗液在一定程度上可以冲淡化学物的酸碱度，保护皮肤。

4. 防御生物性刺激

皮肤表面的皮脂膜呈弱酸性，能阻止皮肤表面的细菌、真菌侵入，并有抑菌、杀菌作用。

六、影响皮肤分泌功能的主要因素

影响皮肤分泌功能的因素很多，主要有以下几个方面：

（1）雄性激素和肾上腺皮质激素，可以使皮脂腺腺体肥大，分泌功能增强。所以一般男性皮肤比女性皮肤偏油性，毛孔粗大。

（2）外界温度的影响。气温高时，皮脂分泌量较多；气温低时，皮脂分泌量减小。所以夏季人的皮肤多偏油性，冬季时皮肤变得偏于干燥。

（3）皮表湿度的影响。皮肤表面的湿度可以影响皮脂的分泌、扩散。当皮肤表面水分高时，皮脂易于乳化、扩散。而皮肤干燥时，皮脂的分泌和扩散会变得缓慢。

（4）年龄的影响。儿童期皮脂分泌量较少；青春期时分泌量增多；35岁以后逐渐减少。所以儿童和老年人的皮肤偏干，而青春期皮肤偏油。

（5）饮食影响。油腻性食物、辛辣刺激性食物可以使皮脂分泌量增加。所以油性皮肤，尤其是长痤疮的人不宜吃甜食、油腻和刺激性食物。

七、影响皮肤吸收功能的因素

皮肤的吸收功能受以下几个方面因素的影响：

（1）角质层薄厚。角质层越薄，营养成分越容易透入而被吸收。美容师在做皮肤护理时可采用脱屑方法使角质层变薄。

（2）皮肤的含水量多少。皮肤的含水量越多，吸收能力越强。采用蒸汽喷面可补充角质层含水量，皮肤被溶软后可增加渗透和吸收能力。

（3）毛孔状态。毛孔扩张时，营养物质可以通过毛孔到达真皮层而被吸收。

（4）局部皮肤温度。局部皮肤温度高，毛孔张开时营养物质可以通过毛孔进入真皮层而被吸收。皮肤按摩、蒸汽蒸面、热膜等均可增高局部皮肤温度，促进营养物质的吸收。

八、影响皮肤颜色的主要因素

人的肤色和皮肤的结构密切相关，主要表现在以下几方面：

（1）黑色的深浅取决于皮肤所含黑色素颗粒的多少及位置的深浅。皮肤白的人，皮肤中含有黑色素颗粒较少，皮肤黑的人，皮肤中含有黑色素颗粒较多。黑种人黑色素颗粒多而粗大，位置较浅，颗粒层中即含有黑色素颗粒。

（2）皮肤黄色的浓淡与所含胡萝卜素多少及角质的厚度有关。胡萝卜素含量多、角质层较厚的人皮肤发黄而缺乏光泽；胡萝卜素含量少、角质层较薄的人皮肤比较白皙、细嫩。

（3）肤色红润与否和皮肤毛细血管分布的深浅、疏密程度以及皮肤血量的多少有关。皮肤毛细血管分布较浅、较密，血流量充足，皮肤会显得红润；若皮肤血流量减少，皮肤会显得苍白。

任务二　身体皮肤护理流程及方法

任务情景

与面部皮肤相比，身体皮肤虽然没有色斑之类的问题，但由于皮脂腺分布相对较少，所以容易变得干燥、粗糙。而通过专业的美容护理可以促进身体皮肤的血液循环，让肌肤保持健康的状态（如图 4-2 所示）。作为美容师，掌握全身皮肤护理的步骤、方法、注意事项、基本按摩手法等就显得尤为重要。

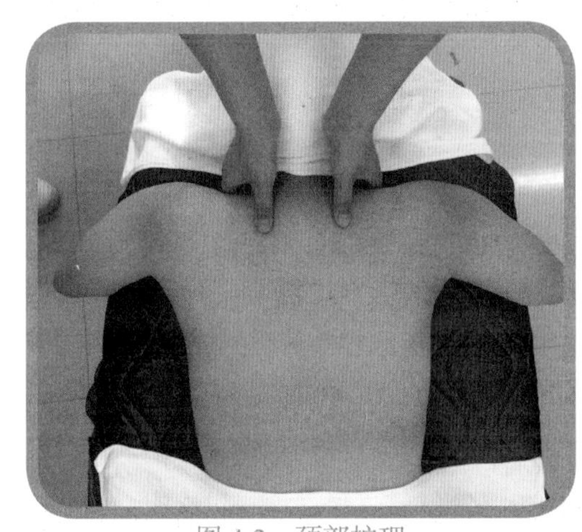

图 4-2　颈部护理

任务要求

了解身体皮肤护理的流程，掌握身体皮肤护理的方法及常用的基本按摩手法。

知识准备

一、身体皮肤护理流程

（一）身体皮肤护理的含义

身体皮肤护理是通过清洁、去角质、按摩、敷体膜等美容手段来刺激身体皮肤的血液循环，增强其新陈代谢功能，从而使肌肤获得水分及养分，增加其光泽度和弹性，以改善全身各部位肌肤的干燥、皱纹、松弛、老化等状况，延缓衰老，恢复其健康美丽状态。身体皮肤护理又可以按不同的部位细分为肩、颈部护理，背部护理，手部护理，足部护理，腿部护理等。

身体皮肤护理和面部皮肤护理有许多相似和不同之处，最大不同之处是护理的部位及范围不同，最大的相似之处是采用的产品和遵循的基本护理原则相似。如身体的清洁、去角质与面部的清洁、去角质一样重要，都是为下一部做更彻底的护理而准备的，即只有皮肤相当清洁、毛孔通畅时，施加的护理产品才能效果更好。此外，身体皮肤护理与面部皮肤护理的步骤大体相似，主要是为了软化、滋养和调理肌肤的状态。

（二）身体皮肤护理基本流程

1. 身体护理准备工作

需要准备美容床、产品小推车（备用磨砂膏、香精油、按摩油、润肤乳等）、仪器、毛巾、头套等。

2. 护理程序

（1）沐浴清洁（淋浴或泡浴）。去除身体污垢后，舒缓神经，消除疲劳。干性皮肤的顾客宜使用中性或碱性的沐浴用品，油性皮肤的顾客宜使用碱性稍强的沐浴用品，中性皮肤的顾客宜使用中性沐浴用品。

（2）热疗。借助喷雾仪喷雾、毛巾热敷或桑拿（干蒸或湿蒸）等方法，刺激血液循环，使毛孔打开。

（3）去角质。

（4）涂抹按摩膏或芳香精油进行按摩。

（5）根据不同的部位和需求使用美容仪器。

（6）敷膜。

（7）涂抹护体霜（乳）。

（三）身体皮肤护理的注意事项

（1）给顾客做身体护理时，务必根据各部位肌肤的特点制定护理方案，不可千篇一律。身体护理用品要准备充分。

（2）按摩是身体皮肤护理中的重要环节，也是皮肤护理中的一项重要技能，在护理过程中，应根据不同部位的特征及需求，合理选用适宜的按摩手法及力度。

（3）操作过程中要随时观察顾客的反应，按摩宜由轻到重，再由重到轻，不可使用爆发力。寒冷季节为顾客做身体护理时，美容师的双手要保持一定的温度，不可太凉；按摩完某一个部位后，要立即为顾客盖上毛巾或被子。

（4）注意配合呼吸做按摩，使动作与呼吸保持协调，有韵律感，这样顾客会感觉更舒适和享受。

（5）护理过程中不应随意离开顾客，即使非离开不可，也要向顾客说明理由。要考虑到顾客的羞涩感，服务务必细心体贴且周到，做到善解人意，如盖毛巾的动作要快速且轻柔。

（6）若顾客对采取的护理方式不适应，则应及时改变或调整。

二、身体皮肤护理常用的基本按摩手法及功效

身体皮肤护理过程中所使用的按摩手法依其特点可分为摩擦类手法、揉动类手法、挤压类手法、提拿类手法、叩击类手法和运气推拿类手法六种。

（一）摩擦类手法

1. 摩擦手法

（1）定义：以中指、无名指的指腹或手掌附着于体表一定部位或穴位和穴位周围，以腕关节连同前臂做环形或半环形有节律的抚摸动作，称为摩法（如图 4-3 所示）。摩法多用于按摩的开始阶段。

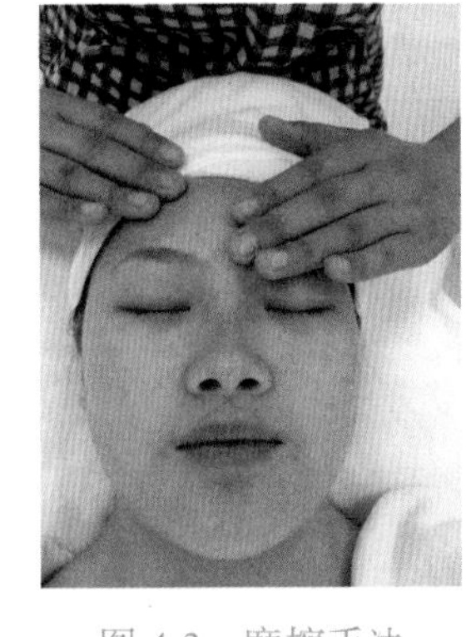

图 4-3　摩擦手法

（2）手法要领：美容师要将力量集于指腹或手掌，紧贴顾客按摩部位或穴位上，且要放松肩臂；掌指与按摩部位略成 30 度，以关节的旋转带动指腹，做由浅入深、由表及里、和缓自如、协调连贯的盘旋转动。其压向肌肤的压力应小于环旋移动的力量。

（3）主要功效：促进皮肤的血液循环和皮脂腺的分泌功能，调节气血，消积导滞，祛瘀消肿。

2. 抚法

（1）定义：五指自然伸直，手掌或指腹着力于按摩的部位，轻而滑地往返移摩，称为抚法（如图 4-4 所示）。抚法多用于按摩的开始阶段与结束阶段。

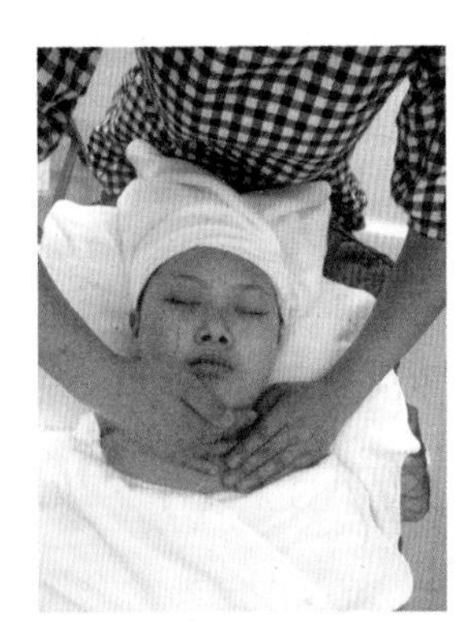

图 4-4　抚法

（2）手法要领：手部全掌或指腹平放于按摩部位体表，以内动力使腕关节前后、左右自然摆动，带动掌指轻且滑地做上下、左右直线、弧形或曲线往返摩抚。手法要轻且不浮，滑而不滞，节奏均匀。

（3）主要功效：舒经通络，活血散淤，缓解疼痛，镇静安神，醒脑明目。

3. 抹法

（1）定义：以双手拇指指腹紧贴皮肤，作直线或弧线的推动动作，称为抹法。

（2）手法要领：双手拇指指腹着力于护理部位体表，做对称的、轻而不浮、重而不滞、轻巧灵活的移抹动作，中途不要随意停顿。

（3）主要功效：增进血液循环，通筋活络，活血止痛。

4. 推法

（1）定义：用手指或掌部着力于所护理部位体表，向同一方向做直线移动，称为推法。用指推称为指推法，用掌推称为掌推法。

（2）手法要领：

① 指推法。美容师用单手或双手拇指指腹或指峰着力施于所护理部位的体表，或遵经络将拇指平贴于所护理的部位。上肢肌肉应放松，将力贯注于着力指端，向所护理部位垂直用力，并在保持一定力度的基础上做单向、有节奏的直线向前推进的动作。推进速度和力度要均匀。

② 掌推法。美容师以掌根部为主，全掌着力，或循经络将手掌平贴于所护理的部位。操作时要姿势端正，速度平稳，力度适宜，配合呼吸，着力深透，且必须直推，不可跳跃。如需用力，可用双手掌重叠按压在该部位以达到按摩效果（如图 4-5 所示）。掌

推法多用于按摩的开始阶段与结束阶段。

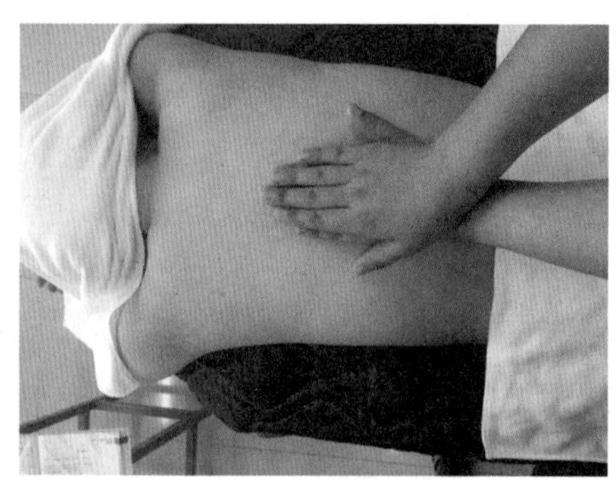

图 4-5 掌推法

（3）主要功效：疏通经络，舒经活络，增强深层肌肤组织运动，消减脂肪堆积。

5. 梳法

（1）定义：五指微曲，自然分开，以指面接触体表，做轻柔的单方向滑动梳理，动作形如梳头。

（2）手法要领：双手五指分开略弯曲，如爪状，以指端及指腹着力于头部，左右、上下梳理。如从左右耳同时对称梳至头顶然后交叉，或从前额及枕后同时对称梳至头顶然后交叉，如此往返操作。此方主要用于头部。

（3）主要功效：解郁除烦，疏散风邪，舒经活络，疏通气血。

（二）揉动类手法

1. 揉法

（1）定义：以指或掌紧贴于护理部位，进行左右、前后的内旋或外旋揉动，称为揉法。用双手拇指揉，称为双拇指揉法；用双手的大鱼际着力揉动，称为大鱼际揉法。

（2）手法要领：

① 双拇指揉法。以双手拇指指腹紧贴于所护理部位或穴位上，做轻柔和缓的旋转动作。着力持续、均匀，旋转连贯，由轻到重，由浅入深，逐步扩大旋转揉动的范围，要旋而不滞，转而不乱，揉而浮悬，动作深沉。

② 大鱼际揉法。双手呈握拳状，用大鱼际着力于所护理的部位，腕部放松，以腕关节带动前臂和手腕做横向来回不间断的有节律的摆动，使着力部位带动该处的皮下组织做轻柔和缓的回旋揉动。

（3）主要功效：加速血液循环，增加氧的代谢及养分的吸收，舒经活络，消肿止痛。

2. 搓法

（1）定义：以指、掌或掌指对所护理部位施力，从下至上，或左右往返摩擦揉动，称为搓法（如图 4-6 所示）。根据作用的部位不同可分为拇指推搓法和双指搓法。

（2）手法要领：

① 拇指推搓法。以双手拇指指腹或指峰对称用力，在按摩部位做上下或左右往返移动，交叉搓揉，动作和缓连贯，深沉

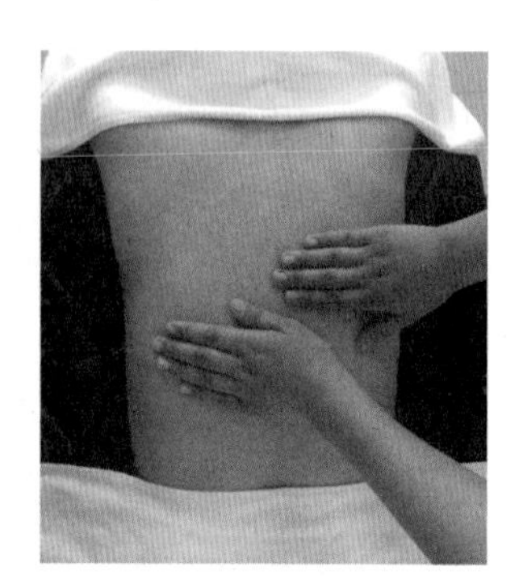

图 4-6 搓法

均匀。

② 双指搓法。双手食指与中指并拢，并相对用力做方向相反的往返搓动，动作和缓连贯，深沉均匀。

（3）主要功效：疏通经络，放松肌肉，加速血液循环，增强皮肤的新陈代谢。

3. 擦法

（1）定义：双手握拳，用食指、中指、无名指和小指的第一指关节的背侧部位着力于按摩部位。进行滚动按摩，称为擦法。

（2）手法要领：双手微握拳，用食指、中指、无名指和小指的第一节关节背侧部位着力于按摩部位，通过腕关节连续的屈伸摆动及指关节的旋转运动，带动前臂和着力部位做有节律的滚动。掌呈环形滚动状，使产生的动力轻重交替，持续不断地作用于受力部位。操作时，腕部要放松，贴实受术部位体表，不可跳跃摩擦。

（3）主要功效：通经活络，行气活血，促进血液循环，增强肌肤细胞活力，消除肌肉疲劳。

（三）挤压类手法

1. 压法

（1）定义：以指、掌、掌根和鱼际等部位着力于受术部位，用力下压的方法，称为压法。以指着力下压，称为指压法；以掌着力下压，称为掌压法；以掌根着力下压，称为掌根下压法；以鱼际着力下压，称为鱼际下压法。

（2）手法要领：下面主要介绍指压法和掌压法。

① 指压法。以指腹着力于受术部位，手指和接触点呈 45 度，受术部位为各穴位点。

② 掌压法。双手全掌着力于受术部位，用力下压。部位要精确，压力须均匀。深透、和缓有力。

（3）主要功效：疏通经络，舒展肌筋，紧实肌肤，镇静安神，解痉止痛。

2. 捏法

（1）定义：以拇指、食指或拇指、中指挤捏肌肉和肌腱并连续移动，称为捏法。

（2）手法要领：

① 揉捏法。双手微握，食指至小指自然并拢，拇指指腹与食指桡侧相对用力，一张一合，反复、持续、均匀地拿捏皮肤肌肉。受术部位在手指的不断对合下被捏起；再利用手的自然旋转和提腕，使皮肤肌肉自指腹中滑落出来，如此往复。操作过程中宜使用爆发力，使局部肌肤快速被捏起。脱滑复位时，切不可将肌肤持续捏住，要刚中有柔，柔中带刚，灵活自如，柔和深透。

② 啄捏法。双手微握，无名指与小指握向掌心，虎口向上，食指自然微弯。用拇指指腹与中指指腹相对用力，一张一合，反复、持续、快速、均匀地拿捏肌肤；上下摆动腕部，动作如小鸡啄米。操作过程中手法要轻重有度，连续移动，轻巧敏捷。

（3）主要功效：促进局部血液循环，加速营养物质的渗透，增强肌肤弹性，消除肌肤酸胀，调和气血，通经活络。揉捏法力达肌肤深层，而啄捏法一般作用于较浅的肌肤表层。

3. 理指法

（1）定义：用一手的食指和中指指根部相对用力，施以夹捋理，称为理指法。

（2）手法要领：一手握住顾客的腕部，另一手微握拳，食指和中指弯曲如钩状，以指根夹住顾客一手指指根部，向指尖方向捋顺。操作时循序移动，松紧适宜。此法常用于手部按摩。

（3）主要功效：疏通经络，加速血液循环，保持良好手型。

4. 点法

（1）定义：以指端或指腹固定于穴位或身体体表部位进行点按，称为点法（如图 4-7 所示）。点法分为拇指点法、中指点法和多指连点法。

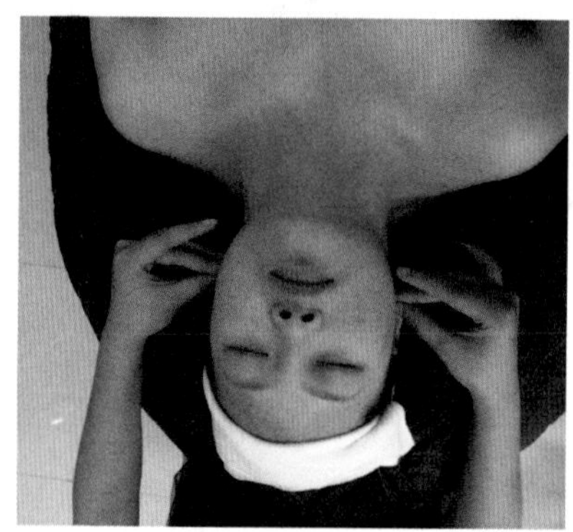

图 4-7　点法

（2）手法要领：

① 拇指点法。食指至小指呈微握拳状，拇指略弯曲，指端着力点按穴位。点按时由肩发力，力达指端，或用手腕和前臂发力，力集于指端。力度由轻到重，持续、柔和、深透。

② 多指连点法。此法是循经点穴的一种，是以多指连续点按某经络中几个穴位的方法。多指点按即五指连点，或由食指至小指连点。点按时，五（四）指自然分开，指尖相距一定距离，由小指至拇指或由拇指至小指，依次连续点压某一经络上距离相近的几个不同穴位，待手指点完穴位后，由前臂发力，力集于指端，或由肩发力，力达指端，持续点压数秒。点压力度由轻到重，柔和、深透。

（3）主要功效：疏通经络，加速血液循环。

（四）提拿类手法

1. 握拿法

（1）定义：双手或单手的拇指与其余四指对合呈钳形，施以夹力握拿所按摩部位，称为握拿法（如图 4-8 所示）。

（2）手法要领：五指微曲，全掌着力，拇指与其余四指指腹对合呈钳形握住按摩部位，一紧一松地握拿。以钝力施术，对合时手指施力需对称，由轻到重加力。手法重而不滞，活而有力，边握拿边连续移动，速度均匀，不快不慢。

（3）主要功效：加速血液循环，促进新陈代谢，消除疲劳，活血镇痛，增加肌肤弹性，紧实肌肉。

2. 弹性

（1）定义：用指端着力于所按摩部位，施以弹动，称为弹法（如图 4-9 所示）。用拇指弹动称为拇指弹法，用其余四指同时弹动称为四指弹法。

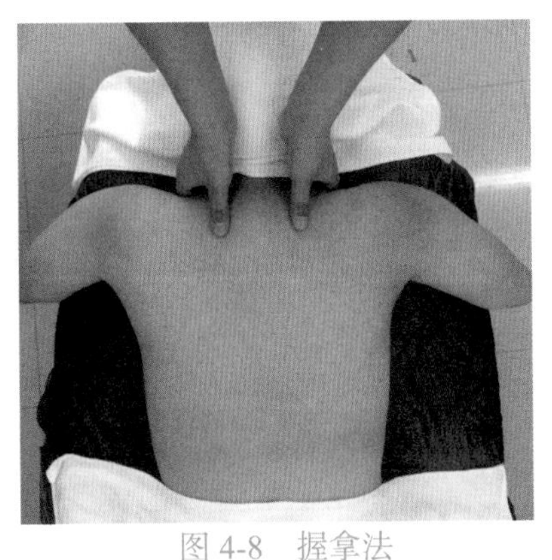

图 4-8　握拿法

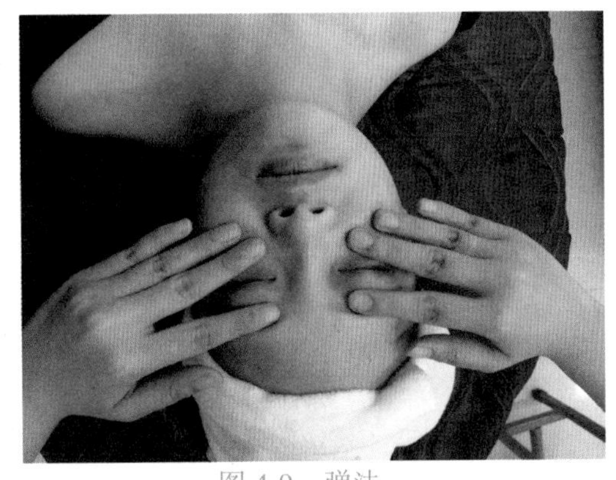
图 4-9　弹法

（2）手法要领：

① 拇指弹法。食指至小指微握拳，拇指伸直，以拇指指尖着力，在拇指指关节连续屈伸的动作下，用爆发力带动拇指指尖做形如弹弦的弹动。弹动动作连贯，节律清楚，弹动快，移动慢，用力均匀。

② 四指弹法（又称轮指）。五指自然分开，平伸，以食指至小指指端（从食指指端至小指指端为正向轮指，从小指指端至拇指指端为反向轮指。点弹时，指端用力方向为掌心，点弹后美容师手呈微握拳状为内轮指；点弹时，指端用力方向为掌背，点弹后美容师手掌五指与掌平直，为外轮指）着力于被按摩的部位，以指掌关节的快速屈伸带动四指做连续、快速的点弹。弹动时，四指动作协调、关节灵活，动作错落有序。在四指弹动的同时，可旋腕做环绕形点弹，以扩大点弹面积。点弹用力适度、均匀。

（3）主要功效：加速血液循环，加强新陈代谢，增强营养物质的深层深透，增加肌肤弹性。

（五）叩击类手法

1. 叩法

（1）定义：手呈空握拳形，以手指或手掌侧部（小鱼际）着力，有节奏地叩击的手法称为叩法。

（2）手法要领：五指自然弯曲，虎口向上打开，小指尺侧、小鱼际、大鱼际、拇指桡侧共同构成马蹄形。以掌侧部（马蹄形）着力，用前臂发力带动腕部抖动，抖腕的同时，手部下沉叩击所按摩部位。叩击时掌心虚空，腕带虚掌，手腕灵活，精神放松，上下叩打，动作轻快、连续、富有弹性，施力均匀，左右手交替叩击，节律清晰。

（3）主要功效：活血止痛，消除疲劳，强健肌肤。

2. 空拳叩击法

（1）定义：单手或双手五指并拢稍屈，着力于被按摩部位，叩而击之，其力略小于叩法，称为空拳叩击法（如图 4-10 所示）。

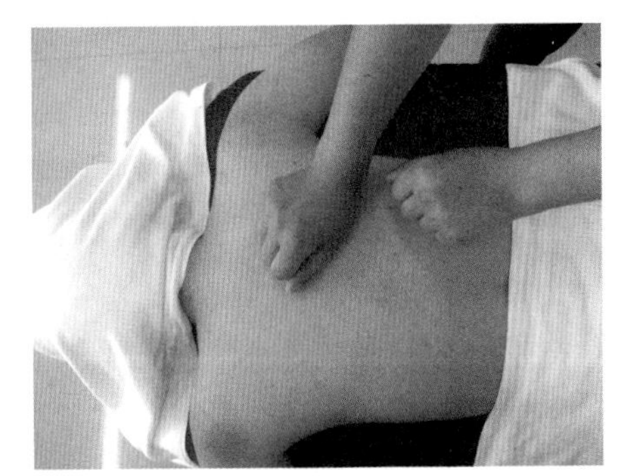
图 4-10　空拳叩击法

（2）手法要领：单手或双手的五指分别自然并拢稍屈，向掌心呈拳状。拇指低于食指桡侧，手腕放松，用各指第一指关节、大小鱼际及掌根部组成一圆形叩击环，以腕关节的自然屈伸带动掌着力于所按摩的部位，做轻快有节奏的叩击。叩击时，手腕应灵活不僵硬，手法力度均匀，从腕部发力，力度由轻到重不可过猛。

（3）主要功效：调和气血，消除疲劳，紧实肌肤，增加肌肤弹性。

3. 击法

（1）定义：双掌虚和，以小指和小鱼际尺侧着力于所按摩部位，进行有节奏的击打，称为合掌侧击法；以中指尺侧着力于所按摩部位，进行有节奏的击打，称为指侧击法。

（2）手法要领：

① 合掌侧击法。双掌掌心相对虚合，拇指交叉对握，以小指和小鱼际尺侧着力，借用上臂力量抖动手腕，以腕发力，击打按摩部位体表。

② 指侧击法。双掌掌心相对虚合，拇指交叉对握，双手小指和无名指交叉对握，中指和食指相对并拢，以中指尺侧着力，借用上臂的力量抖动手腕，以腕掌发力，击打受术部位体表。

注：击法在操作过程中，要以腕带掌，用爆发力瞬间击打。要灵活有序，用力均匀协调。在着力瞬间会发出“空空”声。

（3）主要功效：疏通脉络，通透毛孔，放松肌肉，紧实肌肤。

（六）运气推拿类手法

1. 抖法

（1）定义：手握肢体远端（如手足）做上下抖动，使整个肢体随之做波浪状起伏抖动，称为抖法。

（2）手法要领：以单手或双手握住受术肢体远端（指端），先以缓慢轻柔的手法使之做上下运动，抖动或摆动，使受术肢体放松，随之加重力量、加速，使按摩部位做波浪起伏抖动。

（3）主要功效：解郁消积，活血止痛，放松肌筋，消除疲劳，舒理筋经。

2. 震颤法

（1）定义：以掌、指着力于按摩部位，从上臂肌肉收缩、发力，经前臂传力至手部，施力于受术部位肌肉，使之做快速、急而细微的震颤，称为震颤法（如图 4-11 所示）。

（2）手法要领：以单手或双手指掌平贴于受术部位体表，稍施压力，与按摩部位贴实。上臂肌肉发力，经前臂、掌、指施于受术部位体表，使受术部位肌肉急剧震颤，力达深层。

（3）主要功效：理气行血，除积导滞，松弛肌筋。

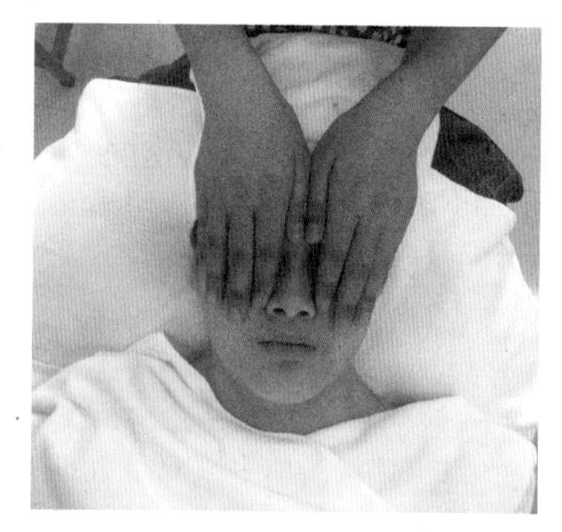

图 4-11　震颤法

牛刀小试

两人一组，用不同的按摩手法为对方做一次身体皮肤护理。

任务三　肩、颈、头部按摩

任务情景

颈部长期暴露在外，皮肤较脆弱，若缺乏保养，更容易松弛老化，再加上颈部缺乏运动、年龄增长等原因会导致双下巴出现，大大影响了颈部的美观。肩部皮肤经常处于紧张状态，若负荷过量，同样容易出现早衰现象。随着吊带装的流行，对肩部皮肤的养护也就变得同样重要了。

任务要求

了解肩部骨骼、肌肉的位置和构成；熟记肩、颈、头部按摩常用穴位的取位，并能准确点穴；了解按摩动作的特点和作用，掌握头部、肩、颈部按摩手法。

知识准备

一、肩部骨骼、肌肉的位置和构成

1. 肩部骨骼

（1）锁骨：构成颈、胸交界处的呈～形细长骨骼，左右各一块。

（2）肩胛骨：位于胸廓的后外上方的三角形扁骨，左右各一块。

（3）肱骨：构成上臂的长骨。它的上端与肩胛骨的肩关节共同构成肩关节。

2. 肩、背部肌肉

（1）斜方肌：位于颈部和背上部的浅层，为三角形的阔肌，左右各一块，合在一起呈斜方形。收缩时可以运动肩胛骨并参与头部的转动。

（2）背阔肌：位于背的下半部和胸的后外侧，收缩时可以控制手臂的摇摆动作。

（3）三角肌：位于肩上的三角形肌肉，使肩部外形丰隆。收缩时可以控制肩关节的活动，抬举、转动上臂。

二、肩、颈、头部美容常用穴位

（一）头、面部常用穴位（如图 3-27 所示）

1. 百会穴

定位：两耳尖连线与头部正中线交点处取穴。

2. 四神聪

定位：百会穴前、后、左、右各 1 寸处取穴（四穴一名）。

3. 神庭穴

定位：头部正中线，发际 0.5 寸处取穴。

4. 头维穴

定位：左右各一，于额角发际直上 0.5 寸处取穴。

5. 风池穴

定位：枕骨下缘，胸锁乳突肌与斜方肌起始部凹陷处，与耳根相平。

6. 风府穴

定位：后发际正中直上 1 寸，枕骨粗隆直下凹陷处取穴。

（二）肩、颈部常用穴位

1. 大椎穴

定位：第七颈椎与第一胸椎棘突之间取穴。

2. 肩井穴

定位：大椎穴与肩峰连线的中点处取位。

3. 肩髃穴

定位：肩峰前下方，肩峰与肱骨大结节之间。上臂平举时，肩部出现两个凹陷，前方的凹陷就是肩髃穴。

4. 肩髎穴

定位：肩部后下方，上臂平举时，于肩髃穴后方寸许至凹陷中取穴。

5. 肩中俞穴

定位：大椎穴旁开 2 寸处取穴。

6. 肩外俞穴

定位：第一胸椎棘突旁下，旁开 3 寸处取穴。

7. 气舍穴

定位：锁骨内侧端上缘，于胸锁乳突肌胸骨头与锁骨之间取穴。

8. 廉泉穴

定位：正坐，微仰头，在喉结上方，于舌骨的下缘凹陷处取穴。

9. 巨骨穴

定位：锁骨肩峰与肩胛骨之间凹陷处取穴。

（三）眼部穴位

1. 睛明穴

定位：眼内眦上方半寸凹陷处，左右各一穴。

2. 四白穴

定位：眼平视，瞳孔直下 1 寸，眼眶下缘处，左右各一处。

3. 球后穴

定位：两眼平视，眼眶下缘处 1/4 与内 3/4 交界处，左右各一处。

三、头部按摩

1. 点“四穴”

双手微屈。双手拇指指腹叠起点按神庭穴，两拇指分开，同时点按两侧头维穴；双手拇指再一次叠起，点按头顶处的百合穴；最后两拇指分开，分别点按四神聪穴（如图 4-12 所示）。

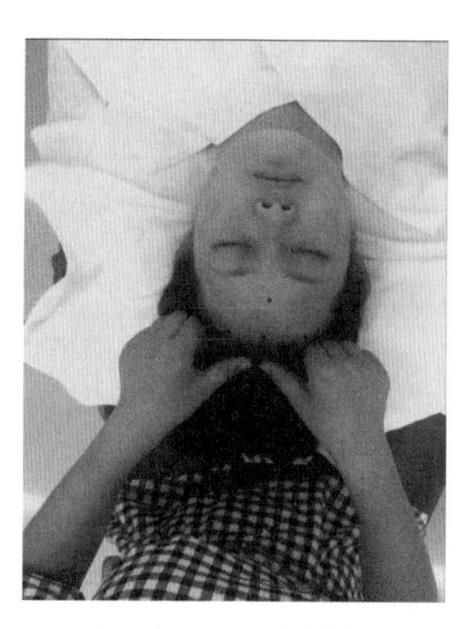
图 4-12　点“四穴”

2. 拇指拉抚

手横位。双手四指微屈。拇指指尖相对，以指腹沿发际从中间向两边拉抹至耳尖，然后抚抹路线渐渐平行后移（如图 4-13（a）所示）；换成手竖位，双手微屈，拇指指尖向前，用指腹交替从神庭穴拉抹至百会穴。拉抹路线渐渐向两侧平行移动（左手拉抹左侧，右手拉抹右侧）（如图 4-13（b）所示）。反复数次。

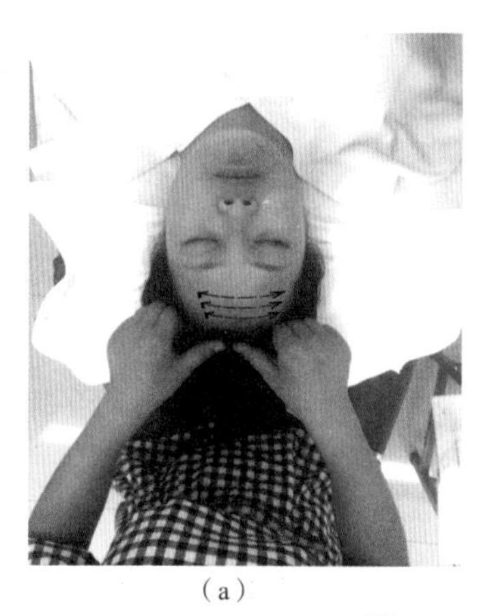
（a）

（b）

图 4-13　拇指拉抚

3. 按摩双耳

双手手指微屈，用拇指指腹轻柔耳垂数次，沿耳廓上下反复拉抹揉按；然后两手相对，食指和中指夹住耳轮上下反复拉抚，用手指侧面抚摸耳轮；最后两食指稍抬起，整个手掌就势将耳朵向前推，用耳轮压住耳孔，扣于头部两侧。双掌缓缓用力，轻轻推按 3 次后慢慢放开（如图 4-14 所示）。

4. 梳理头发

顾客头发散开，美容师双手扣于头部，四指稍分开，呈“梳子”状。双手五指交替从头围向头顶梳理头发（如图 4-15 所示）。反复数次。

5. 提头发

顾客头发散开，美容师双手横位，手心向上，四指稍分开，双手五指交错同时插入头发中，然后五指并拢夹住头发，轻轻颤动着上提（如图 4-16 所示）。反复数次。

6. 抓弹头发

双手五指稍分开微弯曲，五指指腹着力。手腕放松，抖手腕用爆发力迅速抓住头部，又迅即弹离（如图 4-17 所示）。反复数次。

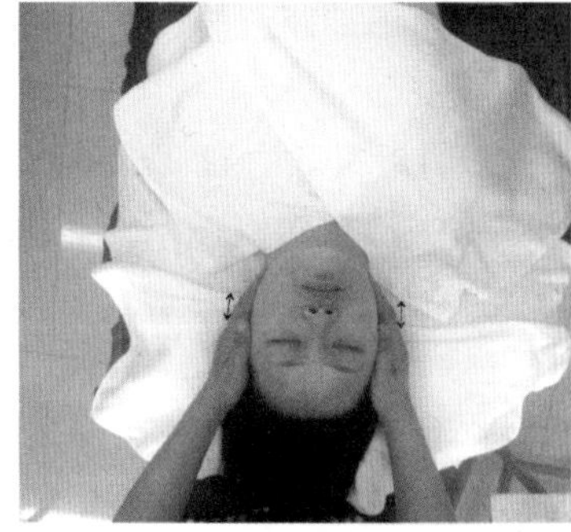

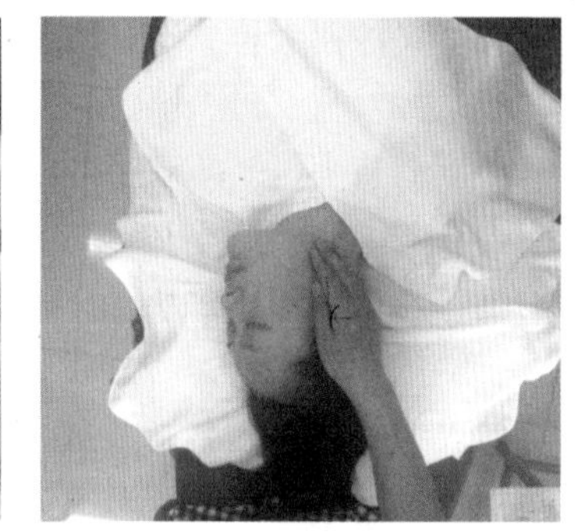

图 4-14　按摩双耳

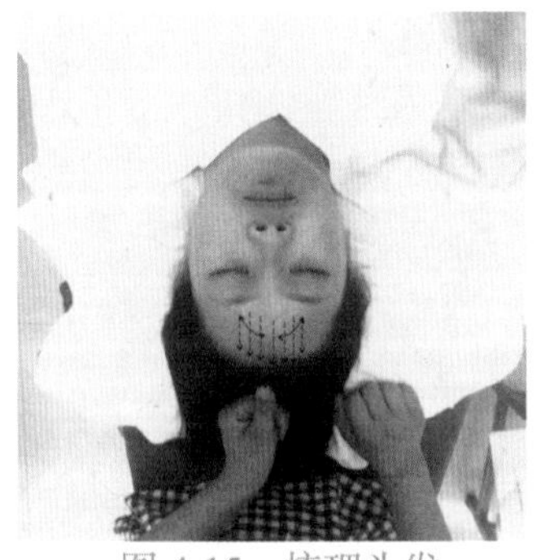

图 4-15　梳理头发

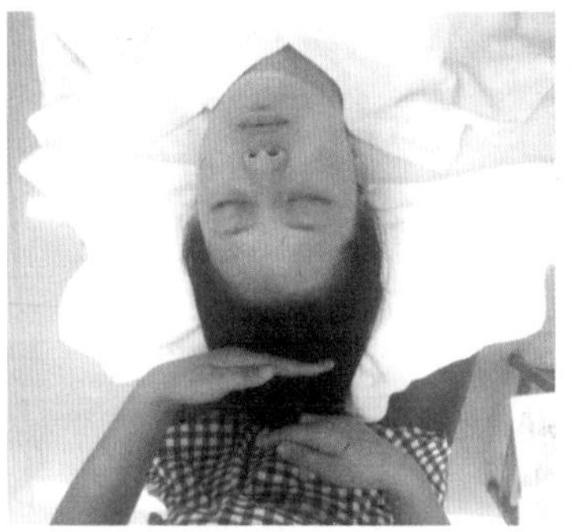

图 4-16　提头发

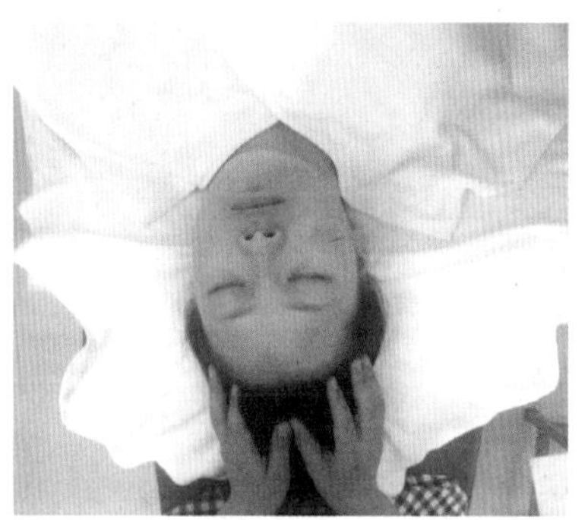

图 4-17　抓弹头发

7. 叩击头部

双手手指向手心分别倾斜，双手合十，掌心空虚。腕部放松，快速抖动手腕，用双手小指外侧着力，叩击头部（如图 4-18 所示）。反复数次。

8. 拿按头部

双手五指稍分开，五指指腹及全掌着力，双手同时大面积拿住头部，并且边抖动边向下按（如图 4-19 所示）。反复数次。

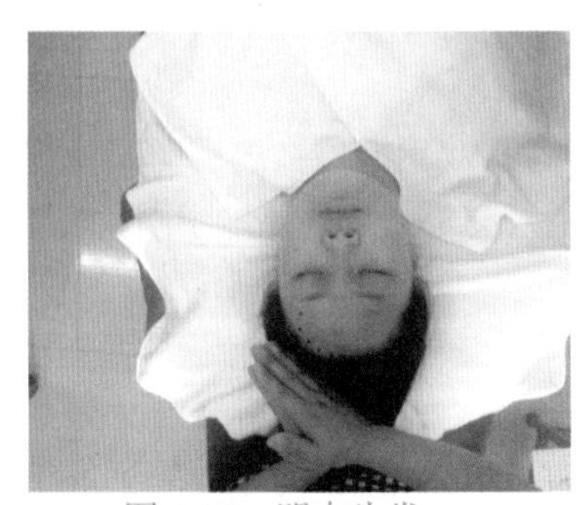

图 4-18　叩击头发

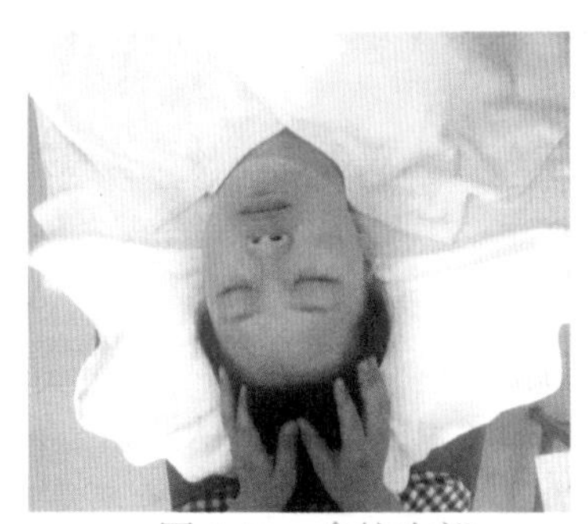

图 4-19　拿按头部

四、肩、颈部按摩

1. 拉抚肩部、点按巨骨穴

双手四指并拢，自然平伸，掌心向上放于肩下颈部，虎口卡在肩部，拇指在肩上方。双手自颈后大椎穴旁向两侧肩部拉抚至巨骨穴处，然后用中指指腹点按巨骨穴，最后四指自巨骨穴抹回大椎穴旁（如图 4-20 所示）。反复数次，止于巨骨穴处。

2. 摩小圈，点按风池、风府穴

接上节手位。即双手四指并拢，用指腹部由肩背部的巨骨穴开始，沿肩背上缘及颈后，向内、上方摩小圈至风池穴，用双手中指指腹点按两侧风池穴；然后双手中指指腹叠起点按风府穴（如图 4-21 所示）。反复数次，止于风府穴。

3. 摩小圈，点按气舍穴

双手中指、无名指并拢，掌心向下，以指腹自耳后翳风穴处开始，沿胸锁乳突肌走向，向外、向下摩小圈，摩至气舍穴，用中指指腹轻轻点按（此穴有脉跳，点按的力度要轻），然后双手拉抚回到翳风穴（如图 4-22 所示）。反复数次，止于气舍穴。

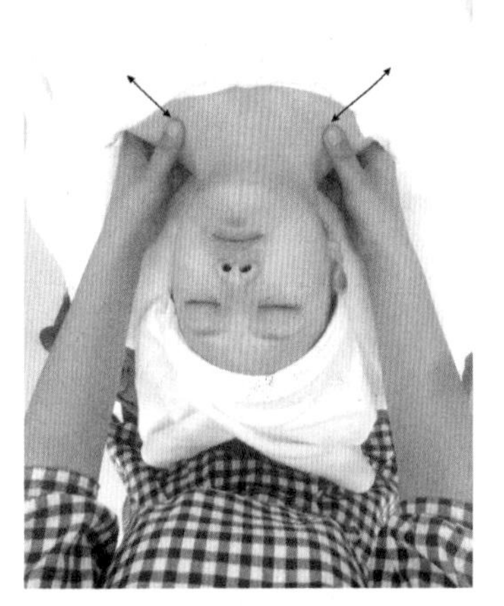

图 4-20　拉抚肩部、点按巨骨穴

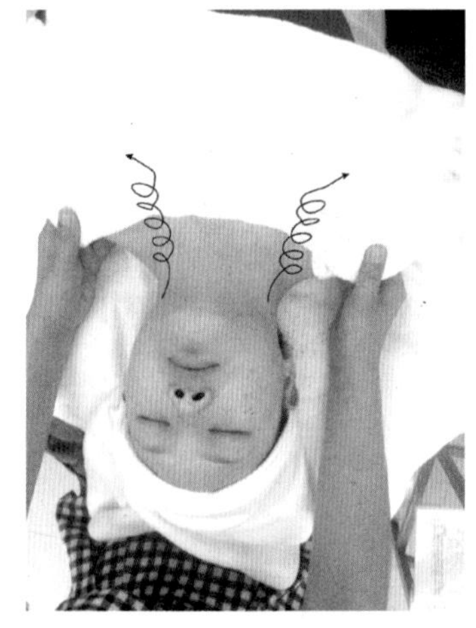

图 4-21　摩小圈，点按风池、风府穴

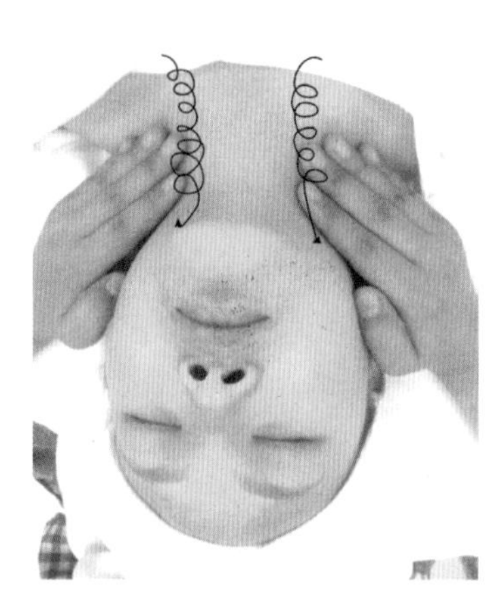

图 4-22　摩小圈，点按气舍穴

4. 四指摩圈，按摩肩部

接上节手位。双手四指并拢，掌心向下，从气舍穴开始，双手四指指腹同时向外、下方摩圈至两侧肩头（如图 4-23 所示）。反复数次，止于肩头。

5. 原地摩圈、按摩内陵穴

接上节手位。当双手四指从气舍穴摩至肩头时，双手拇指在肩后，四指在肩前，握住肩头。双手食指、中指、无名指并拢，在肩部内陵穴向外、下方原地摩圈，按摩内陵穴（如图 4-24 所示）。反复数次。

6. 点“六穴”

双手微握拳，以拇指指腹从两肩头至颈部依次点按肩髎穴、巨骨穴、肩井穴、肩外俞穴和肩中俞穴（如图 4-25 所示）。点按穴位时，应取位准确，力度由轻到重，由浅而深，慢慢加力，切忌使用爆发力。

7. 拉抚颈部

手横位。双手四指并拢，掌心向下，合掌着力。双手交替从颈根部向上拉抚至下颏，并慢慢向颈两侧移动（如图 4-26 所示），最后止于耳根下方。

8. 拿捏肩臂

双手置于颈部两侧，拇指在肩前，其余四指在肩后，用虎口卡住胛提肌（如图 4-27

所示）。双手同时用力将肌肉拿起，再松开。自颈部两侧沿双肩、大臂至肘部拿捏，然后沿原路线返回复位。反复 6～8 次。

9. 叩击肩部

双手微握拳，拇指和小指略伸直，整个手呈“马蹄”形。腕部放松，以拇指、小指和大小鱼际的外侧着力。双手交替抖腕，用爆发力叩击双肩、两臂（如图 4-28 所示）。反复叩击数次。

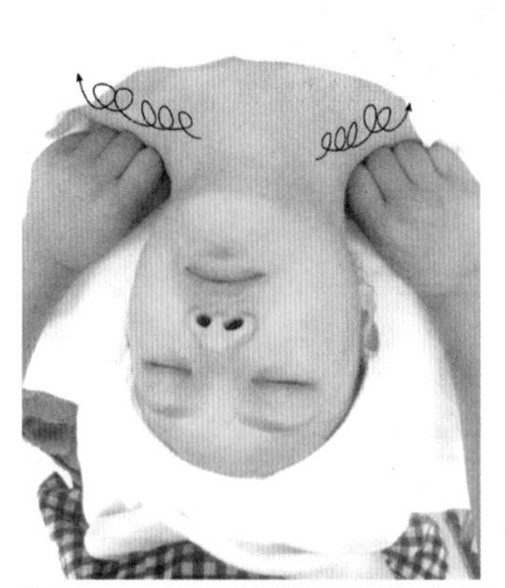
图 4-23　四指摩圈，按摩肩部

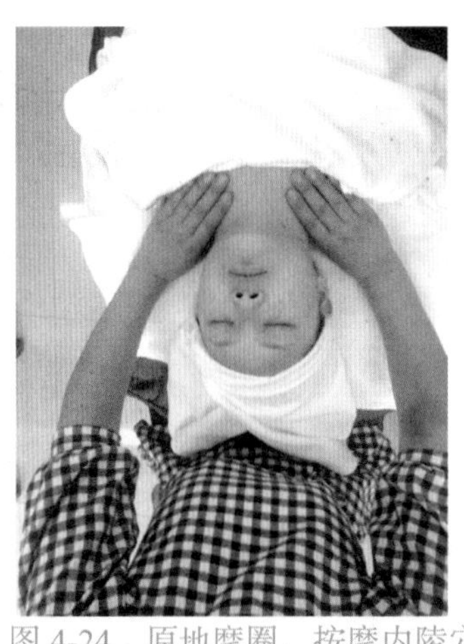
图 4-24　原地摩圈、按摩内陵穴

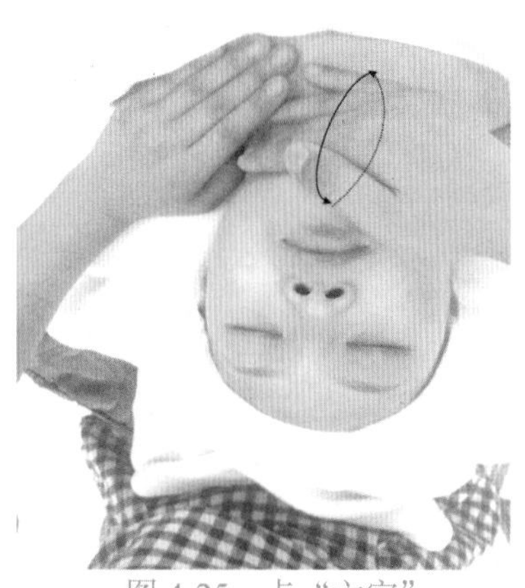
图 4-25　点“六穴”

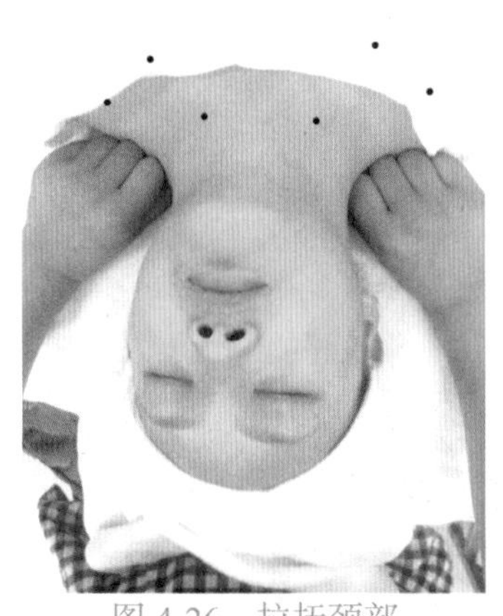
图 4-26　拉抚颈部

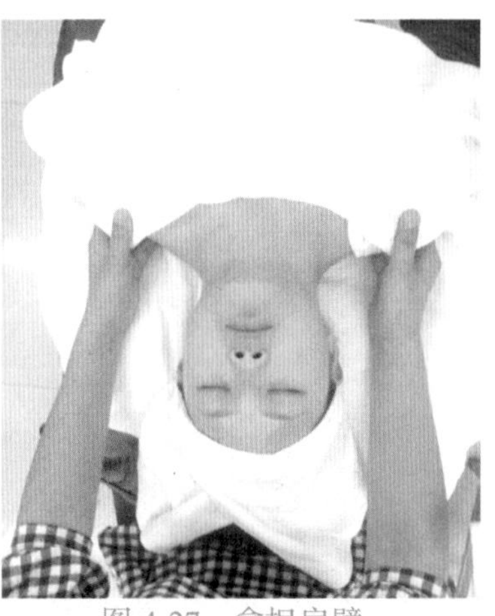
图 4-27　拿捏肩臂

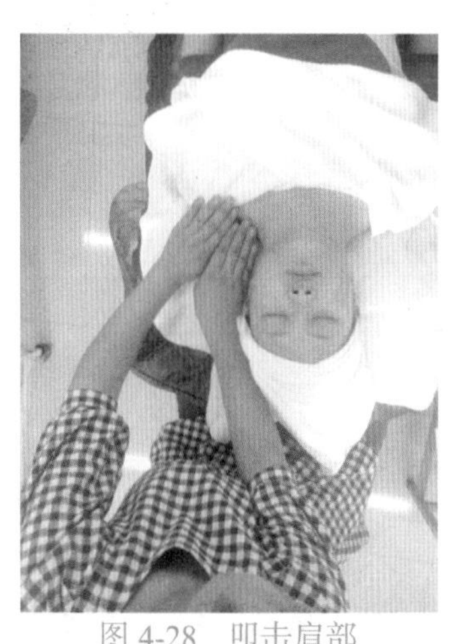
图 4-28　叩击肩部

10. 拉抚肩部

手横位。双手四指并拢，手心向下，指尖相对，全掌紧扣颈两侧，向下推抚至气舍穴（如图 4-29（a）所示）；在上胸部，双手改为竖位向两侧拉抚（如图 4-29（b）所示）；抚至肩头后双手翻掌，绕过肩头至肩臂背部（如图 4-29（c）所示），沿肩形向上拉抚，最后止于风池穴（如图 4-29（d）所示）。反复 6～8 次。

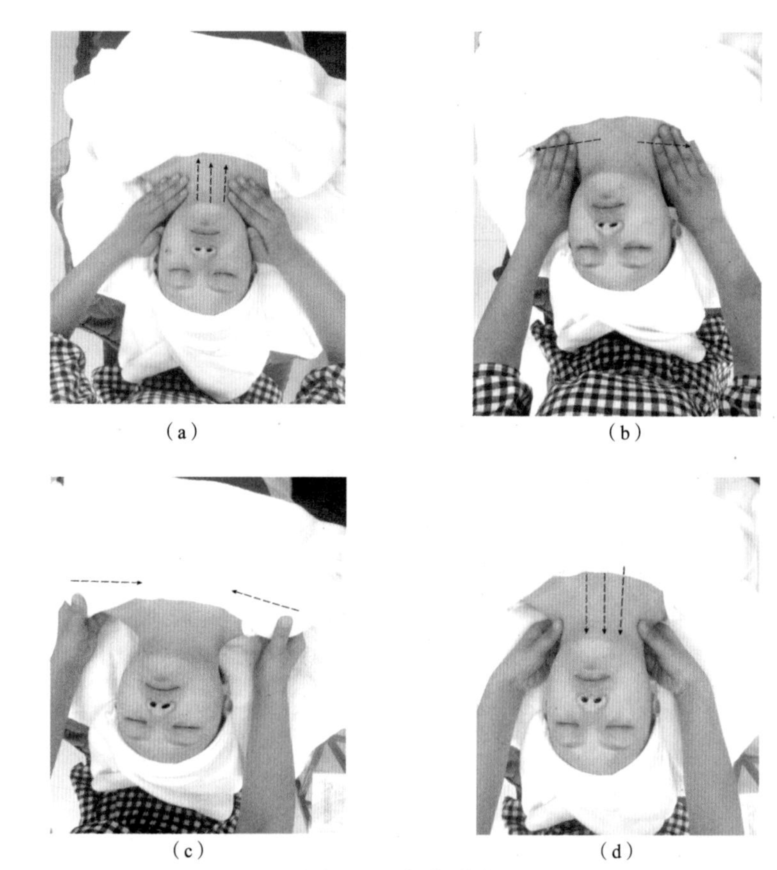

图 4-29 拉抚肩部

牛刀小试

回顾一下肩、颈、头部的常用穴位都有哪些?

任务四 手部护理

任务情景

手是女人的第二张脸。纤纤玉指、荑荑，这些美丽的词都是用来形容手的美丽的。手背肌肤厚度只有脸部的三分之一，所以手部肌肤更容易衰老，因此手部护理保养就显得格外重要。

任务要求

了解手部护理的目的，纤纤玉手的特征以及日常手部护理常识；掌握手部护理的步骤、手部按摩及全套手部护理的方法。

知识准备

一、手部护理的目的

在工作和生活中，手常常扮演着“主角”。手的形象与一个人的整体形象密切相关，从某种意义上讲，它就像橱窗里的商品一样，最先展示于众。

二、纤纤玉手的特征

手在女性美中占有不小的分量，用一个绝对的标准来衡量手的美是不现实的。手常可以分为以下几种类型：宽大粗壮、结实、手指细长或短粗、丰厚或偏薄等。对于年轻女性来说，理想的手应具备以下特征。

丰满：手指、手掌胖瘦适度，既不过于瘪，也不肥厚。

修长：手形修长，包括手掌及手指整体形状修长。若手掌太宽或手指短粗，手会显得不秀气。

流畅：手指外形线条流畅圆滑。如骨节粗硬、明显，会破坏手部线条的柔美感。

细腻：手部皮肤细腻白嫩，光滑滋润。

平洁：指甲平滑、光洁。

三、手部护理常用穴位

1. 合谷穴

定位：手背部第一、二掌骨之间，当第二掌桡侧中点。

2. 中渚穴

定位：手背第四、五掌骨之间，掌指关节后凹陷处。

3. 劳宫穴

定位：在掌横纹稍上方，第二、三掌骨之间，近第三掌骨处。

4. 阳溪穴

定位：在腕背横纹桡侧，拇短伸肌腱与拇长伸肌腱之间的凹陷处。

5. 阳谷穴

定位：在手腕尺侧，当尺骨茎突与三角骨之间的凹陷处。

四、手部按摩方法

1. 按摩手指背部

美容师左手托住顾客的手，使其手背向上，以右手拇指和食指指肚轻轻捏住顾客的手指。用右手拇指指腹在顾客手指背侧，从指尖开始向上摩小圈；按摩至指根部位后，用力攥住手指拉回指尖，在指尖部加力，并迅速弹离顾客手指（如图 4-30 所示）。按摩时从小指向拇指依次进行。每根手指按摩 4～5 次。

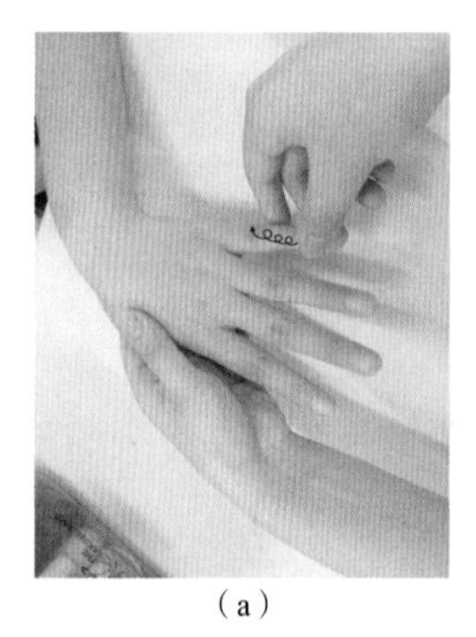
（a）

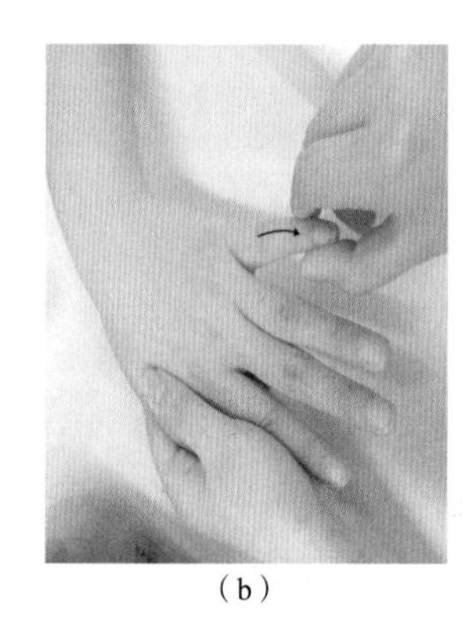
（b）

图 4-30　手指背部按摩

2. 按摩手指两侧

美容师左手托住顾客的手，使其手背向上，右手微弯曲，手心向下，用食指、中指夹住顾客手指两侧，从顾客指尖部摩小圈，渐渐移向指根部，按摩手指两侧。按摩至指根后，美容师右手向上翻转 180 度，用食指、中指的指根部夹住顾客手指，沿手指两侧用力慢慢拉回指尖（如图 4-31 所示）。

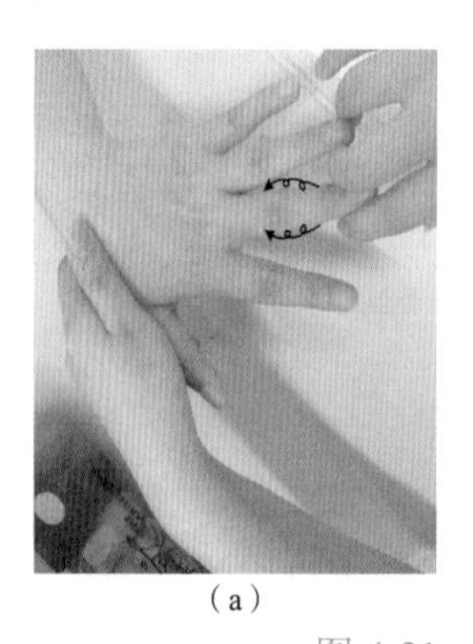
（a）

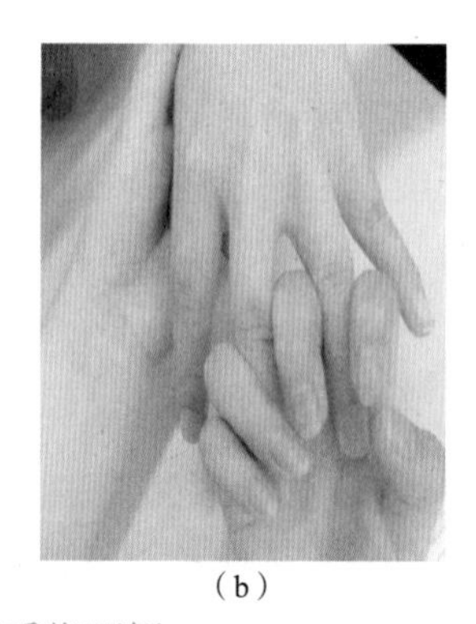
（b）

图 4-31　按摩手指两侧

3. 按摩手背

美容师双手四指分别托住顾客的手，使其手背向上，用双手拇指指腹沿各掌骨指尖交替从指根部向上、外方摩半圈；按摩至腕部后，按摩手背部；最后分别用双手拇指点按合谷穴、中渚穴（如图 4-32 所示）。按摩顺序可由左侧掌骨之间至右侧，也可由右侧掌骨之间至左侧，每个掌骨之间可重复按摩 4～5 次。

4. 按摩手掌

美容师双手托住顾客的手，使其手心向上，并将顾客的拇指和小手指分别卡于美容师的无名指和小手指之间。美容师再用小指、无名指分别卡住顾客的小指和拇指时，用食指、中指和无名指分别托住顾客的手背，同时用拇指指腹在顾客手心上交替向外、上方向摩小圈，并揉按劳宫穴（如图 4-33 所示）。如此反复 25～30 次。

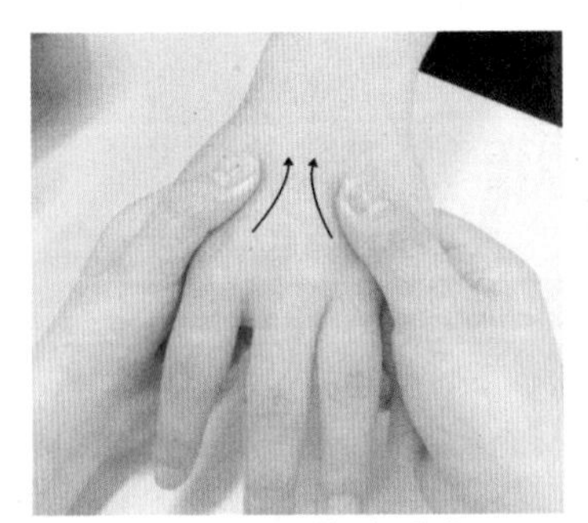
图 4-32　按摩手背

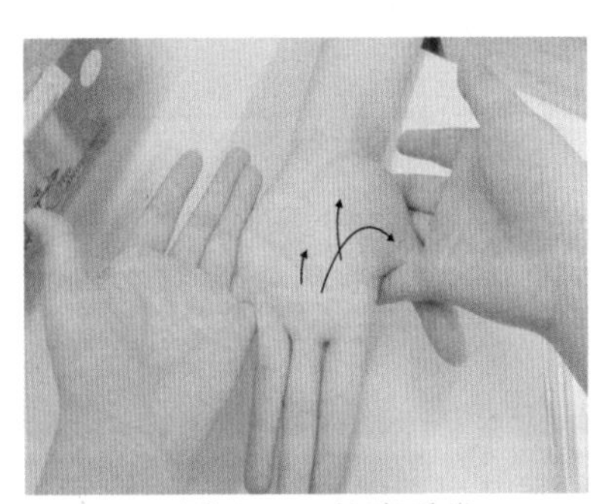
图 4-33　按摩手掌

5. 按摩前臂 1

美容师双手手指自然并拢，全掌着力于顾客手背部。左手托住顾客手腕部，右手从腕部向上推抚至肘部时，翻掌至手臂下方，托住肘部，与此同时，美容师左手翻掌至顾客手臂上方，然后右手向下拉抚、左手向上推抚，分别至腕部和肘部时，美容师双手同时翻掌，变为左手向下拉抚，右手向上推抚（如图 4-34 所示）。如此反复 25～30 次。

6. 按摩前臂 2

美容师双手手指自然并拢，分别托住顾客手腕部，顾客手背向上。用拇指指腹由腕部沿手臂外侧向外、上方摩小圈。至肘部时，将顾客的手翻至手心向上，美容师双手回位至顾客手腕，动作同前，为顾客手臂内侧摩小圈至肘部（如图 4-35 所示）。如此反复 4～5 次。

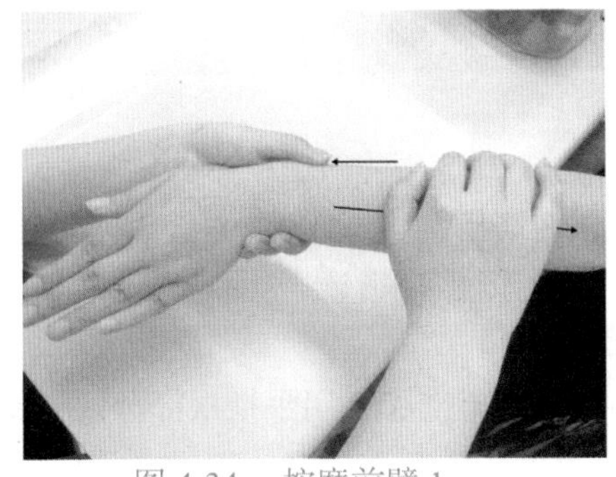
图 4-34　按摩前臂 1

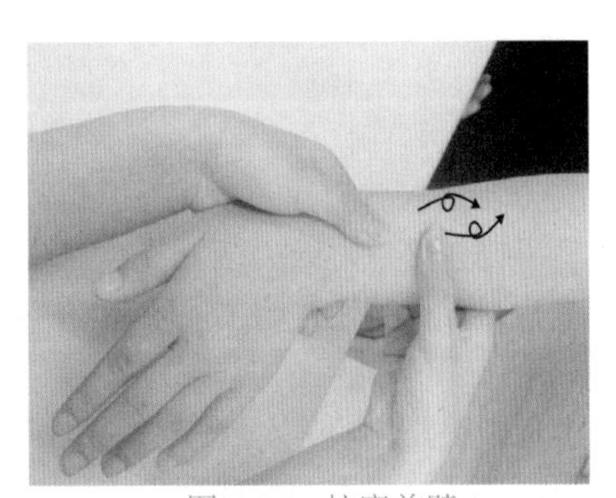
图 4-35　按摩前臂 2

7. 活动腕关节 1

美容师用左手托住顾客的左肘，将顾客的前臂竖起，与上臂成 90 度角。美容师右手的四指与顾客左手的四指交叉。然后美容师右手用力向前、下方压顾客的左手（如图4-36（a）所示）；随后美容师的右手指根部尽力向上抬，将顾客的手指向手背方向推，最后再将顾客的手掌尽力向手背方向推（如图4-36（b）所示）。如此反复8～10次后，美容师左右手动作交换，按摩顾客右手腕。

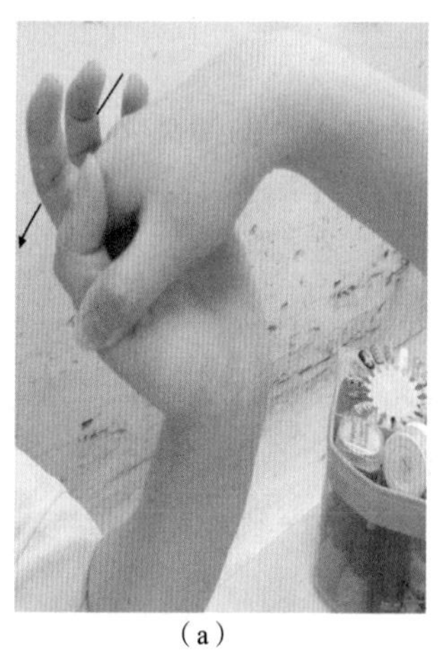
（a）

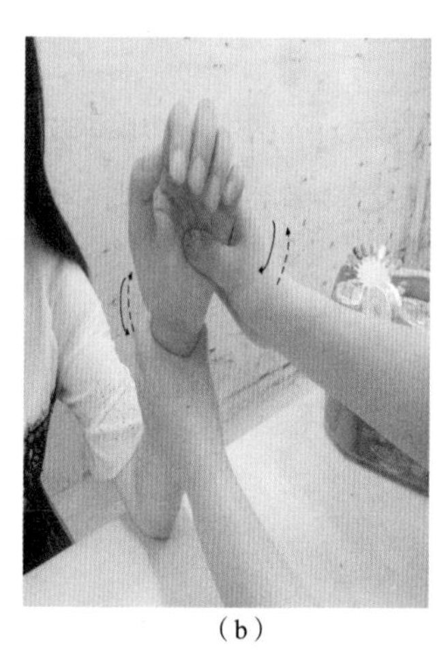
（b）

图4-36　活动腕关节1

8. 活动腕关节2

美容师将顾客手臂竖起，左手握住顾客手腕部，右手握住顾客手掌，慢慢向左右方向旋转手腕（如图4-37所示）。如此反复20～25次。

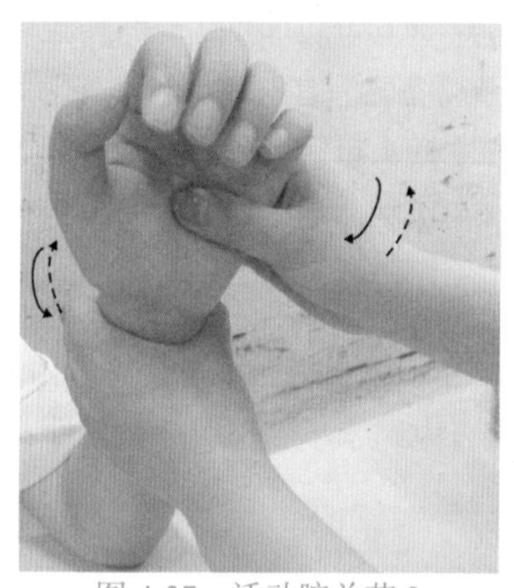

图4-37　活动腕关节2

9. 活动手臂各关节

顾客手臂自然平伸，放松。美容师双手握住顾客四指，腕部放松，上、下快速抖动，带动顾客整个手臂随之抖动（如图4-38所示），如此反复4～6次。

10. 调整动作

美容师左手托住顾客左腕，右手四指与顾客左手四指交叉，用手指根部分别夹住顾客的手指根部，从指根用力拉向指尖（如图4-39所示）。反复3～5次后，美容师左右手动作交换，按摩顾客右手。

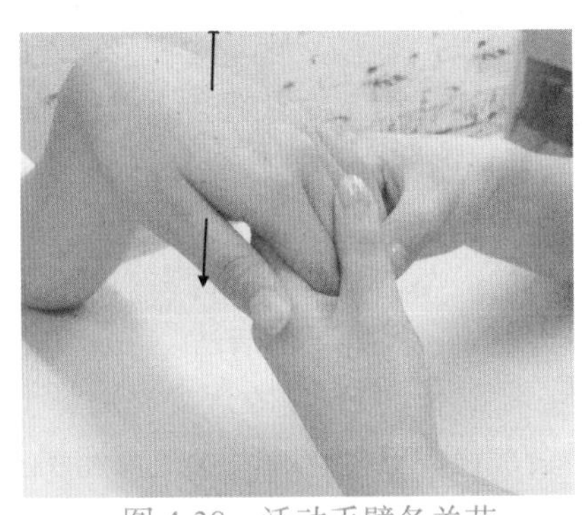
图 4-38 活动手臂各关节

图 4-39 调整动作

五、手部清洁手法

1. 清洁前臂

动作要领同按摩前臂 1 动作（5）。

2. 清洁手掌

动作要领同按摩手掌动作（4），免去点穴。

3. 清洁手背

动作要领同按摩手背动作（3），免去点穴。

4. 手臂磨砂脱屑手法

动作要领同按摩前臂 2 动作（6）。

六、手部护理的步骤

1. 主要用品、用具

洗面奶、磨砂膏、按摩膏、面膜、毛巾、硬纸板、保鲜膜、洗面海绵、脸盆、温水。

2. 准备工作

美容师与顾客相对坐，将干净毛巾分别铺在顾客、美容师双腿上。

3. 手部护理程序及操作方法

（1）清洁手臂。

（2）脱屑。

（3）按摩。

（4）倒膜。

① 在倒膜时，先将保鲜膜平铺于硬纸板上。

② 将先调好的糊状硬膜粉的一半倒在保鲜膜上，用倒棒将其铺平成客人双手掌大。

③ 顾客双手五指分别并拢，扣于铺平的糊状膜粉上。

④ 将另一半糊状膜粉倒于客人双手背部，

⑤ 将膜面均匀倒平，倒光滑。为了便于启膜，倒膜只能倒至手背 2/3 处，手腕部和小臂不倒硬膜。

（5）涂护肤霜。

（6）如顾客有要求，可继续为顾客修甲。

4. 手的日常护理

手部暴露在外，经风吹、日晒、污物及化学物质损伤，稍不注意就会变得粗糙。所以美化双手要重视日常的护理。

手部的保养应注意以下几方面：

（1）要养成勤洗手的习惯。由于日常工作、生活的需要，手要接触许多东西，手被污染是很自然的事。我们要及时将污物及灰尘等有害物洗净，保持手部清洁。

（2）防止化学物品对手的损害。用洗衣粉、洗涤剂等化学液剂洗衣服或洗厨具、餐具，对手部皮肤的损害极大，如不注意保养，时间久了会加速皮肤老化，发生皮肤粗糙干裂、起皱纹等。所以在用洗涤用品时应戴上胶皮手套保护皮肤，洗完后将手泡在温净水中，并用香皂洗净擦干，然后搽油性护肤霜滋润皮肤。

（3）保暖。寒冷季节，皮肤较干燥，血液循环较差，手部皮肤容易发生干燥，生冻疮等。所以我们要注意戴上手套，保护双手。

（4）防晒。双手暴露在外，烈日曝晒会使皮肤变黑、粗糙。夏日里要注意涂一些防晒霜或戴薄手套保护皮肤。

（5）坚持做手部运动。不经常活动，会使手显得苍白无力，缺乏弹性和灵活性、协调性。所以平时要注意做一些手部运动，并适当涂抹一些含维生素的护肤霜。

（6）要注意经常修剪指甲，保持指甲的清洁光亮。

任务五 全身皮肤日常养护

任务情景

要想拥有光滑细腻，柔软滋润，紧实且富有弹性，既不粗糙又不油腻的健康肌肤，除了做专业的美容护理外，还应注意日常养护，才能收到事半功倍的效果。因此，美容师有责任和义务指导顾客做好日常肌肤养护，使其身体肌肤在短时间内得到改善。

任务要求

掌握身体各部位皮肤日常保养的方法，了解不同年龄段人的皮肤护理重点。

知识准备

一、身体各部位皮肤日常养护

（一）颈部皮肤日常养护的重要性及护理重点

1. 颈部皮肤保养的重要性

颈部长期暴露在外，皮肤柔软，薄且脆弱，支持组织较少，皮脂腺分布较少，人们往往又只偏重于面部的美容和保养，常常忽略颈部肌肤的护理和保健，所以颈部肌肤容易过早衰老，也是最先显老的部位。因此，颈部肌肤的日常养护十分重要。

2. 颈部肌肤日常护理重点

（1）在清洁、洗浴后，坚持涂抹颈霜或营养霜。

（2）经常做颈部按摩，促进颈部血液循环，增强颈部肌肤的弹性和滋润度。

（3）注意防晒。避免阳光长时间直射，涂抹防晒霜时不要遗漏颈部。

（4）天热或在高温环境下工作时，应及时清除汗液，保持皮肤清洁。

（5）定期到美容院做颈部皮肤护理。

（6）利用闲暇时间多做颈部保健运动，不但可以强健颈肌和颈椎，同时还能起到防御皮肤松弛、老化、减少皮下脂肪堆积的作用。

3. 颈部保健操

这里介绍一套颈部保健操。

（1）放松站立、两眼平视、做低头、仰头、侧转头和环转头等练习，动作要缓慢柔和。

（2）坐姿，双手以适当的力量扶住头部，做低头、抬头、侧转头练习，动作要徐缓，不可过快过猛。

（3）双手握拳，撑住下颌，头后仰，两肘内靠，然后头部慢慢地尽最大可能往下压，做 20 次。

（4）双手交叉于脑后，下颌贴于胸上部，然后仰头，双手要给头部以阻力，使后颈部肌肉用力拉紧，每分钟 15～20 次。

（5）仰卧，头部抬起，将下巴尽可能向胸前方向慢慢移动，直到不能再移动为止，然后慢慢将头部恢复原位，并停留片刻，每分钟 15～20 次。

（6）仰卧，头部抬起朝左、右转动，转动时要转到极限，每分钟做 15～20 次。

（7）站立，用头部最大限度地画圆，顺时针方向与逆时针方向交替做，每分钟 15～20 次。

（8）俯卧，抬头后仰至最大限度，然后低头，每分钟 15～20 次。

（二）四肢皮肤的日常养护

1. 四肢皮肤保养的重要性

四肢部位的皮肤如不注意日常养护，也会出现干燥、粗糙、脱屑等现象。一些人的腿部还会出现水肿，既影响美观又不利于健康。

2. 四肢皮肤的具体保养方法

（1）洗澡时彻底清洁皮肤，尤其是肘关节和膝关节，若此处皮肤粗糙，也可用磨砂膏轻力按摩，以去除粗厚的角质。

（2）涂润肤乳液时用手轻轻按摩皮肤，直到其完全被皮肤吸收，以缓解皮肤疲劳，促进新陈代谢。

（3）选用棉质或丝质睡衣，避免劣质衣料对皮肤的刺激。

二、不同年龄段人的皮肤护理重点

不同年龄阶段的顾客，其皮肤自身特点及美容需求皆有所不同，美容师在护理过程中应首先考虑这些因素，进行适宜的护理。

（一）青春期的皮肤护理

因青春期体内激素（荷尔蒙）分泌旺盛，皮肤汗腺和皮脂分泌也相对旺盛，皮脂分泌量大，容易使毛孔变粗大，当毛孔内堆积了过多的油脂和污垢时，就容易被阻塞，出现粉刺、痤疮等皮肤问题。

因此，青春期皮肤护理重点如下：

（1）注意保持皮肤清洁，及时清理皮肤表层的油脂和污垢，预防各种细菌的感染。

（2）选用清爽、补水滋润护肤品，不宜使用过于油腻的护肤品，以免妨碍油脂排出。

（3）生活要有规律，学会减压，保证充足的睡眠。

（4）注意多喝水，尤其是白开水，多食青菜和水果，忌烟酒、浓茶、浓咖啡，忌吃过咸、过辣、过甜的食物。

（5）减少化妆品的使用，忌化浓妆。

（6）皮肤出现粉刺、痤疮时不要用手挤，以免引起细菌感染，也不要随便涂抹治疗类的外用药，以免留下后遗症。

（二）中年人的皮肤护理

中年人的皮肤处于一个转折时期，由于体内荷尔蒙分泌量减少，新陈代谢的速度逐渐减慢及皮肤生理机能的逐步衰退，皮肤开始出现衰老迹象。再加上紫外线、受污染的生态环境、精神负担以及不健康的生活方式都会影响皮肤的健康，加速皮肤衰老。这一时期，肤色开始出现发暗，皱纹，色素沉着等问题。因此，中年人的皮肤养护重点如下：

（1）选用较为温和的卸妆水或洁面乳，使用具有滋养作用的营养霜。

（2）注意日常防晒，使皮肤免受紫外线、烟雾、粉尘等不利因素侵扰。

（3）不要忽视眼部、颈部皮肤的护理，坚持使用眼霜，颈霜并作简单按摩，延缓眼角皱纹、颈纹的生长。

（4）定期做专业护理。

（三）老年人的皮肤护理

老年女性的体内雌激素分泌量更少，皮肤生理机能更趋衰退，皮肤内胶原蛋白含量减少，老化速度加快，皱纹出现的更多。加之内分泌系统变得紊乱，致使皮肤更加敏感、松弛。因此，抗衰老保养是其护肤重点。日常养护应着重注意以下几点：

（1）保证充足的睡眠。睡眠是消除疲劳的最好方法，也是保持皮肤湿润，细腻的首要条件。

（2）保持健康乐观的心态。精神愉快、心情舒畅对人的皮肤健康有直接关系，有助于延缓衰老，减少白发和皱纹。

（3）坚持良好的饮食习惯。注意饮食的合理搭配与平衡，少吸烟、少量饮酒。

（4）避免过度日晒。阳光中的紫外线会伤害皮肤，加速皮肤老化，产生皱纹。

（5）选用滋润性强的化妆品，补充皮肤所需水分和养分。

（6）坚持做皮肤按摩。正确的按摩能加快皮肤新陈代谢，增加皮肤的光润度和弹性。

（7）每周做1～2次滋润型、营养型的面膜护理。

（8）加强身体锻炼及对皮肤病的防治。

三、全身皮肤养护的注意事项

（1）注意皮肤的清洁卫生。日常用的洁肤品以不含药物成分，特别是化学药物成分为宜。

（2）正确使用护肤品。正确使用护肤品有助于保持健康的皮肤。如油性皮肤者应选用清爽型护肤品，平衡油脂分泌；干性皮肤者应选用含油分较多的护肤品。而且应注意选用对皮肤无刺激性且不含药物成分的护肤品。

（3）尽可能减少皮肤与酒精的接触。酒精对皮肤有较强的刺激性，易使皮肤干燥、干裂及粗糙。

（4）加强皮肤锻炼。加强皮肤锻炼对保持皮肤的健康有重要的意义，可用自我按摩的方法，如浴后用护肤乳液按摩全身，但注意不可过于用力，否则皮肤会因摩擦、牵拉过度而出现皱纹和过敏现象。

（5）保证充足的睡眠。经常睡眠不足不仅会破坏人的正常代谢，还会使肌肤反应迟钝，丧失抵抗外界刺激的能力。

（6）饮食结构保持酸碱平衡。人的体液在健康状态下呈弱碱性。如果摄入太多的酸性食物，就会影响营养的均衡吸收，体内的血液将倾向于酸性，形成酸性体质，使机体抗病能力下降，易患各种疾病。而酸性体质还会直接影响皮肤的滋润与光滑度，皮肤上易长雀斑、痣、而且皮肤变黑与酸性体质也有关。

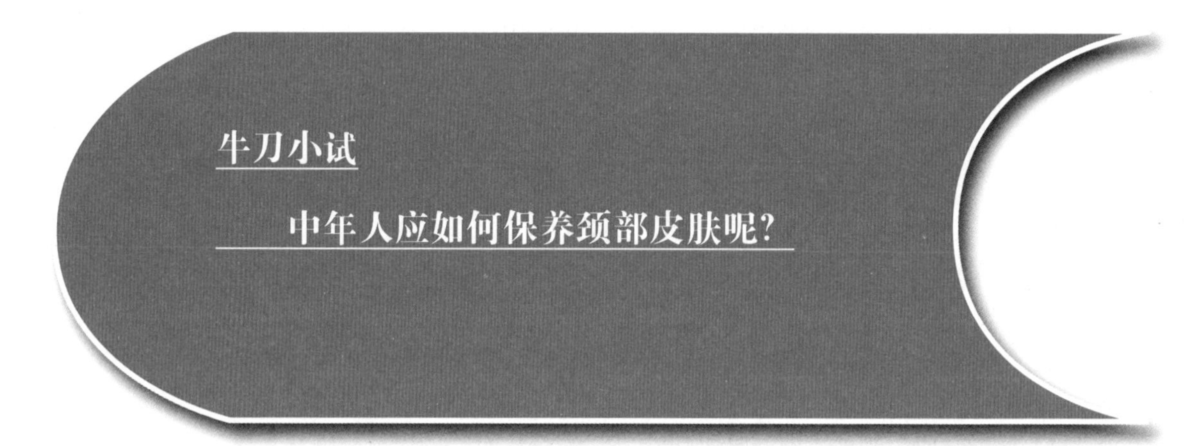

任务六　常见问题皮肤对护肤类化妆品的选择

任务情景

现代社会，由于工作压力大、电子辐射等多方面的原因，使得许多人的皮肤越来越差。面对诸多的皮肤问题，大多数的爱美女性都会选择使用化妆品来保养自己的肌肤。但滥用化妆品不仅不能保养我们的皮肤，甚至会使肤质越来越差。尤其是对于一些还没有弄清自己皮肤类型的朋友，如果胡乱地使用化妆品，很有可能带给自己无法承受的伤害。

任务要求

了解正确选用护肤类化妆品的意义，掌握常见问题皮肤对护肤类化妆品的选择方法，以及选择化妆品时的注意事项。

知识准备

一、正确选用护肤类化妆品的意义

（一）护肤类化妆品的定义

护肤类化妆品一般是指具有滋润、营养、保护或美化（改变肌肤问题状况）功能的化妆品。理想的护肤品，应该具有杂质少、稳定性好、对皮肤无刺激、很少引起过敏反应或色素变化、长期使用不会引起中毒、对皮肤无害的特性。

（二）正确选用护肤类化妆品的意义

市场上的化妆品琳琅满目，品种繁多。在众多化妆品中进行选择，真正的价值不在于其价格的高低，而主要在于所选用的化妆品是否“对症”，是否适合自己（或顾客）的皮肤，是否对护肤有效。正确、科学地选用化妆品，能够逐步改善皮肤存在的问题，使肌肤润滑、娇嫩、细腻，充满光泽、弹性，有效延缓皮肤的老化过程。

二、常见问题皮肤护肤类化妆品的选择

对于常见的问题皮肤，在选择护肤类化妆品时，不仅要考虑到对肌肤的日常保养，还应根据其问题的特点去有目的地选择化妆品，进而达到逐步改善问题皮肤的目的。

（一）衰老性皮肤对护肤类化妆品的选择

抗衰老问题是皮肤护理的一个普遍问题。衰老是一个不可抵抗的自然规律，任何一个人，或早或晚终究会走向衰老。但是，在科学技术十分发达的今天，我们有能力延缓衰老的过程。通过护肤类化妆品延缓衰老的途径可以归纳为三种：保湿、推迟肌肤功能的衰退——减除氧自由基和补充活性物质。

1. 肌肤的保湿

随着年龄的增长，汗腺、皮脂腺等器官组织机能的减退，汗液和皮脂的减少，甚至皮脂的消失，皮肤首先出现的现象是干燥。随之而来的是皮肤变薄、变硬，失去光泽、失去弹性，出现皱纹，甚至会出现色素沉着等现象。因此，防止肌肤干燥，进行日常性的保湿护理就成为延缓衰老的一个重要的环节。因此，应注意选用含有保湿成分的护肤类化妆品。在保湿护肤类化妆品中，常用的保湿成分有：透明质酸、可溶性胶原蛋白、果酸、维生素E、尿素等。

此外还可以选用具有保湿能力得到极致配制的化妆品，如基质含甘油、羊毛脂、卵磷脂、丙二醇等成分时，基质就会具有明显的保湿作用。

2. 推迟肌肤功能的衰退——减除氧自由基

进入中年以后，皮肤组织中氧自由基的含量会逐年增加。过量的氧自由基，除了破坏生物膜、杀伤白细胞、激活病毒外，还损伤表皮、伤害真皮纤维，以及损害皮脂腺和汗腺管、组织细胞中的细胞核，从而造成皮肤正常解剖结构的破坏，影响皮肤对营养物质的摄取。皮肤细胞营养不良，导致其功能逐渐衰退，从而引起皮肤的老化。因此，应注意选用具有减少或清除氧自由基的护肤类化妆品。在护肤类化妆品的成分中，超氧化物歧化酶（SOD）、维生素E、赖氨酸有机锗（AGO）、菸酸（维生素PP）、金属硫蛋白（MT）、过氢化物酶（CAT）、谷胱甘肽过氢化酶（GSHP）等，均具有明显减少、清除皮肤组织中的自由基，阻断自由基对皮肤的损伤的功能，从而起到抗衰老的作用。

3. 为肌肤补充活性物质

人到中年，皮肤组织的细胞和其他脏器的细胞一样，会由于生理活性物质的减少，导致细胞从技能到结构均会出现不同程度的衰退，因此有必要补充这些特殊的生理活性物质，如表皮生长因子（EGF）、脱氧核糖核酸（DNA）。核糖核酸（RNA）、必需的氨基酸、激素、生物碱、维生素以及作为辅酶的各种微量元素等。应选用含有这些活性物质的营养性化妆品；或选用含有这些活性成分的全天然植物营养性化妆品，如灵芝霜、珍珠霜、鹿茸霜、当归霜、人参霜等；或选用含有这些活性成分的各种动物提取液制成的营养性化妆品，如含珍珠水解液、含胎盘水解液、含白蛋白或丝肽等成分的化妆品。

在补充肌肤活性物质的化妆品中，几种常用的营养类成分具有如下特点与作用。

（1）含珍珠类成分的营养性化妆品：珍珠中含有丰富的硬蛋白和24种微量元素，能参与皮肤酶的代谢，能促进皮肤组织再生。珍珠还具有抑制褐脂质增多的作用，从而起到抗衰老和养颜的作用。

（2）含蜂乳类成分的营养性化妆品：蜂乳中含有丰富的菸酸（又称维生素PP）和其衍生物。其中的类黄芩素是铁配位体，能固定铁质的分子，使之无法提供多余电子而形成自由基，因此能对抗自由基对皮肤组织的破坏，起到延缓皮肤老化的作用。同时蜂乳中所含丰富的丙种球蛋白和其他生物活性物质，可以提高老年人皮肤的防御能力。

（3）含人参类成分的营养性化妆品：人参提取液中的人参活性成分，能兴奋皮肤组织代谢、促进皮肤血液循环、活化皮肤组织。故能防止皮肤退水变硬，增加皮肤弹性，阻止皮肤起皱，起到抗衰老作用。

（4）含水解蛋白类成分的营养性化妆品：水解蛋白类可与皮肤产生良好的相溶性和黏性，尤其是胶原蛋白，能恢复皮肤弹性、填充皱纹，达到皮肤抗衰老的目的。

（5）含维生素类成分的营养性化妆品：维生素A能改善角化过程、增厚真皮层、增加皮肤弹性、调节上皮细胞生长和活性，可以防止皮肤老化；维生素C能促使纤维细胞产生胶原蛋白，还可以减轻色素沉着；维生素E有保湿和抗氧化作用，是自由基清除剂，能延缓皮肤衰老。所以使用添加维生素的营养性化妆品有抗皮肤衰老作用。

此外，含黄芩、花粉、芦荟等天然物质，以及含果酸、泛酸、表皮生长因子、超氧化物歧化酶等生物成分的化妆品，均有一定的延缓皮肤衰老的作用。

（二）色斑皮肤对护肤类化妆品的选择

皮肤出现色斑，是一个较为普遍的皮肤问题，其形成的原因也很复杂。针对色斑皮肤的防护，在选择护肤类化妆品时，通常注意两个方面：降低或阻止黑色素细胞分泌黑色素和防止紫外线的照射，减少色斑的形成。

1. 阻止黑色素细胞的分泌

阻止黑色素细胞分泌黑色素，是祛斑、增白的途径之一。早期祛斑、增白化妆品中所添加的主要成分是氢醌和汞（水银）。但是，氢醌会造成黑色素细胞失去分泌黑色素的功能；而汞的见效期长且易出现中毒现象，因此，化妆品中已基本不用汞剂和氢醌作为祛斑的增白剂。

新的、效果比较好的祛斑增白添加剂有：熊果苷、曲酸、抗坏血酸及其衍生物、超氧化物歧化酶、半胱氨酸、维生素C等。一般常选用的雀斑霜则是以硬脂酸、沉降硫黄、水杨酸、丙二醇或羊毛脂、鲸蜡醇、曲酸、壬二酸等为主要祛斑、增白成分的。

2. 减少色斑的形成

紫外线照射后，会产生色斑或加重色斑，因此，阻止紫外线对皮肤的直接照射，是祛斑增白的有效途径之一。防紫外线照射的常见化妆品有：防晒霜、防晒蜜、防晒油等系列用品，其中的主要成分是无机粉体：二氧化钛、滑石粉、氧化锌等。据有关实验表明，有些配方的防晒用品，其对紫外线的遮挡率高达80%以上。但多数防晒用品对皮肤均有一定的刺激，长期直接使用，反倒会使皮肤出现色素沉着，皮肤表面变得粗糙。因此在选用防晒系列化妆品的同时，应在皮肤上先涂敷一层营养霜或隔离霜。另外，在营养性化妆品中，含蜂乳、鹿茸、芦荟，以及含超氧化物歧化酶（SOD）、曲酸等成分的化妆品，都有一定的防晒作用。

（三）痤疮皮肤对护肤类化妆品的选择

痤疮俗称“青春痘”、“暗疮”、“粉刺”等，是一种极为常见的皮脂腺与毛囊的慢性炎症，其形成原因复杂，发生率与复发率高，青春期多见，时好时发，反复多年不愈是一大特征，且稍有不慎，容易留下疤痕和色素沉着。因此，积极的预防与有效的护理是非常重要的。

在护肤化妆品的基质中添加硫黄或胶体状硫黄、过氧苯酰、雷锁辛（间苯二酚）、氯霉素、甲硝唑等成分，具有消炎杀菌、改善角化异常、抑制痤疮生长等作用。同时，可辅助用于痤疮的治疗。在对痤疮皮肤进行日常护理、选用护肤化妆品时，应注意以下几点：

（1）由于痤疮皮肤的皮脂分泌旺盛，皮肤易出现污垢，因此，宜选用洁肤类化妆品；护肤时，宜选用护肤性化妆品中含油量较少的水性化妆品。

（2）由于痤疮皮肤所分泌的过多皮脂粘着尘埃后，形成堆积，堵塞毛囊孔，使毛囊孔口扩大、发炎而形成痤疮。因此，除选用洁肤类化妆品清除脂垢、通畅毛孔外，还应该选用具有抑制、治疗痤疮的护肤性化妆品。

（3）痤疮皮肤禁止使用含有颗粒性成分的化妆品，因为其只能加重痤疮的程度。尚没有形成痤疮的油性皮肤最好也少用含颗粒性的化妆品，因颗粒性成分与皮脂混合容易堵塞毛孔和汗孔，形成痤疮等。

4. 敏感性皮肤对护肤类化妆品的选择

敏感性皮肤往往对很多化妆品都有反应，尤其对一些药物性化妆品反应更明显。因此，最好选用天然材料制作的高级护肤香皂和中性护肤霜，不宜使用药物类化妆品，也不宜使用含有动物蛋白的面膜和含动物蛋白的营养霜。

敏感性的皮肤不能一次大量使用某种化妆品。在重新选用一种未使用过的新化妆品之前，一定要在前臂内侧少量试擦，如 24 小时后无过敏反应，方可使用，否则不能使用。不要频繁更换护肤类化妆品。一般情况下，不宜使用修饰类美容化妆品。尽量选用质量高、不含香料、不刺激内分泌系统的化妆品。

当出现过敏反应时，不宜再使用各种化妆品，应使用凉开水将引起过敏的化妆品轻轻洗掉。不要使用香皂，不能用热水烫洗。当皮肤发痒而未见水疱时，可以用茶叶水湿敷患处，茶叶中的鞣酸有收敛作用，可以止痒。再涂些含激素的药膏，一般不用去医院。但皮肤患处出现水疱时，最好去皮肤专科就诊，若无条件就诊时，用 2%硼酸水湿敷患处，再涂用激素药膏，口服抗过敏药，如扑尔敏、维生素 C 等。

三、选择化妆品时的注意事项

（1）选用化妆品时，应考虑使用化妆品的目的。若为了美容，可选用修饰类美容化妆品。若为了延缓皮肤衰老，可选用营养性或保健性化妆品。若为了防紫外线照射，则应选用防晒霜。若为了辅助治疗一般性皮肤病还可以使用治疗性化妆品等。

（2）化妆品种类繁多，有油性小的，如乳液，统称“蜜”，有油性大的，如霜膏类；有适合于婴幼儿用的，有适合于老年人用的；有适合于女性用的，有适合于男性用的，有单纯润肤的，有润肤兼增白、防晒、抗皱的等等，各有不同的配方。护肤品天天使用，长期接触皮肤，若稍有不适就会产生不良反应。因此，选择适合于使用对象皮肤特点的护肤品是非常重要的。

牛刀小试

不同问题皮肤应如何正确选择护肤类化妆品呢?

项目五　特殊护理

项目引领

眼和唇是面部最惹眼的两个部位，正所谓“明眸皓齿”。神采奕奕的眼睛（如图5-1所示）展现人内在的精气神；丰润亮丽的双唇平添女性的妩媚和娇艳。然而眼部和唇部由于其生理结构特点，最容易受到伤害，需要我们经常护理。

图5-1　明亮的双眼

项目目标

知识目标：

掌握眼部、唇部的生理结构特点。

技能目标：

能熟练地对眼部和唇部进行特殊护理。

任务一　眼部皮肤护理

任务情景

眼睛是心灵的窗口。一双明亮的眼睛尽现女性的风采。但眼部皮肤非常脆弱，很容易产生黑眼圈、鱼尾纹等问题。

任务要求

掌握眼部生理结构与护理技巧。

知识准备

美容院眼部护理是美容师通过一定非医学手段，对顾客的眼睑部皮肤进行外部保养，预防或缓解眼袋、黑眼圈、鱼尾纹等眼睑部皮肤问题。

一、眼部的生理结构及特点

眼部表面结构如图 5-2 所示。

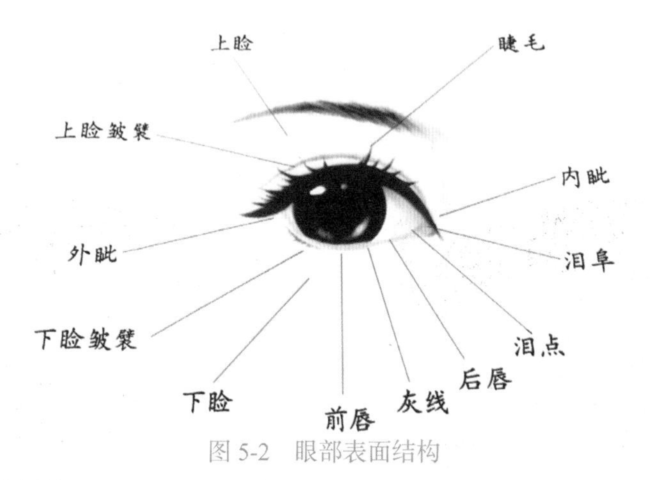

图 5-2　眼部表面结构

1. 眼部的生理结构

眼睑分上、下两个部分，上睑较下睑宽而大，上、下睑缘间的空隙称睑裂。睑裂边缘为睑缘，宽约 2 毫米。睑缘也称灰线，灰线前缘有睫毛，后缘有睑板线开口。上睑与下睑交界处为内眦、外眦。内眦部有泪阜，上下睑缘各有一泪乳头及泪点，泪点紧贴球结膜，泪液经此泪小管入泪囊，最后经鼻泪管由下鼻道流出。

眼睑由前向后共分为 6 层：

皮肤：为人体最薄的皮肤之一，因此易形成皱褶。

皮下组织：由疏松的结缔组织构成，弹性较差，易推动，常因水肿或出血而肿胀。

肌层：包括眼轮匝肌，提上睑肌和苗氏肌。眼轮匝肌是睑裂括约肌，起自内眦韧带，止于外眦韧带，平行于睑裂方向，收缩时引起睑裂关闭。提上睑肌主要功能是提上睑，而苗氏肌则在受惊时收缩使眼裂开大。

肌下组织：与皮下组织性质相同，位于眼轮匝肌与睑板之间，有丰富的血管神经。

睑板：呈半月形，由强韧的纤维组织构成，是眼睑的支架。

睑结膜：为覆盖于眼睑后面的黏膜层，起减轻摩擦、保护眼睛的作用。

眼部涉及的主要神经、血管有：

眼睑神经：眼睑周围的神经主要有眶上、眶下神经，滑车上、下神经，泪腺神经和面神经的颞支、颊车、颧支等。

眼睑部血管：睑内、外眦动脉在肌下疏松组织内，距睑缘约 3 毫米处形成血管弓，静脉与其伴行，神经与血管伴行。

淋巴回流：淋巴回流至颌下淋巴结、耳前和腮腺淋巴结。

2. 眼部皮肤的特点

眼睑皮肤比脸部皮肤薄、细嫩，对外界刺激较敏感。皮下结缔组织薄而疏松，水分多，弹性较差，容易引起水肿。以眼轮匝肌和提上睑肌构成的眼部肌层薄而娇嫩，脂肪组织少，加之眼部每天开合次数达 1 万次以上，所以容易引起肌肉紧张，弹性降低，出现眼袋、松弛、皱纹等现象。眼部周围皮肤皮脂腺和汗腺很少，水分很容易蒸发，皮肤容易干燥、衰老。

二、眼部护理基本程序

（1）准备工作。

（2）消毒。

（3）面部清洁（如图 5-3 所示）。

（4）使用爽肤水（如图 5-4 所示）。

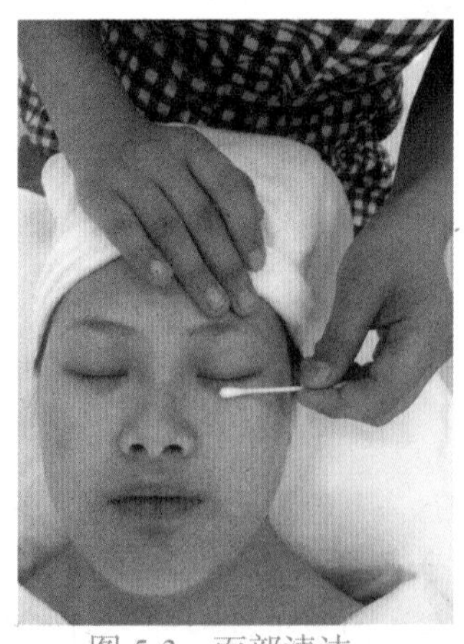
图 5-3　面部清洁

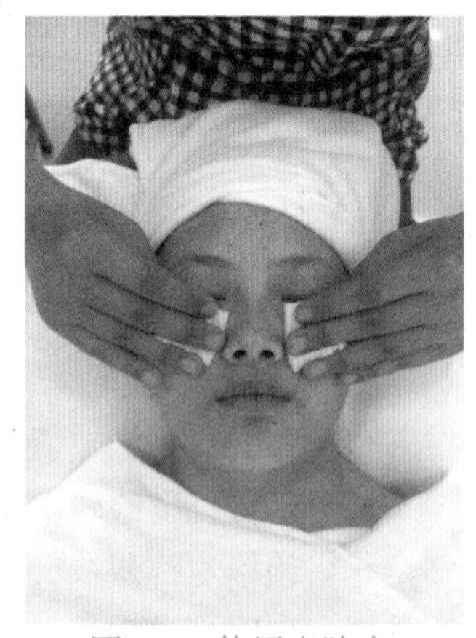
图 5-4　使用爽肤水

（5）观察皮肤（如图 5-5 所示）、蒸面（如图 5-6 所示）。

（6）按摩，时间约 5 分钟。

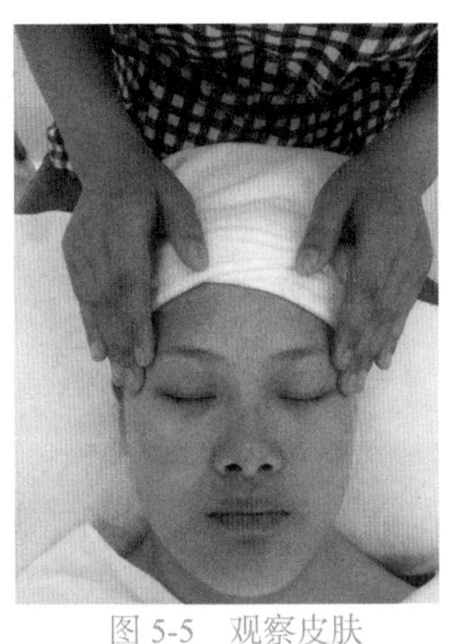
图 5-5　观察皮肤

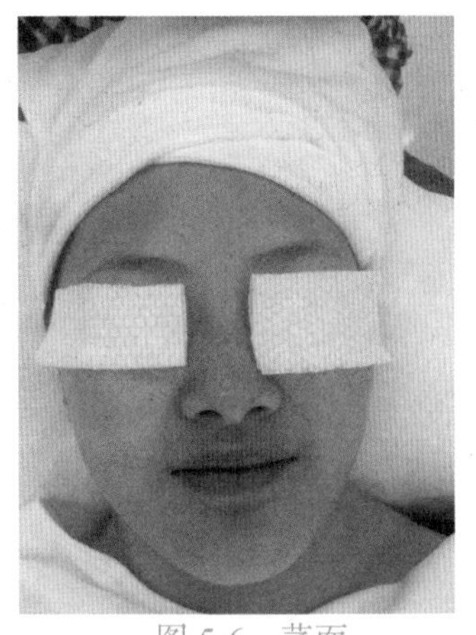
图 5-6　蒸面

眼部按摩的步骤为：

① 由外眼角沿下眼眶至鼻根绕眼周打小圈，并按压童子髎、承泣、睛明穴，重复 6 次，如图 5-7 所示。

② 由鼻梁两侧沿下眼眶向两侧太阳穴打大圈，并用中指指腹按压太阳穴，如图 5-8 所示。

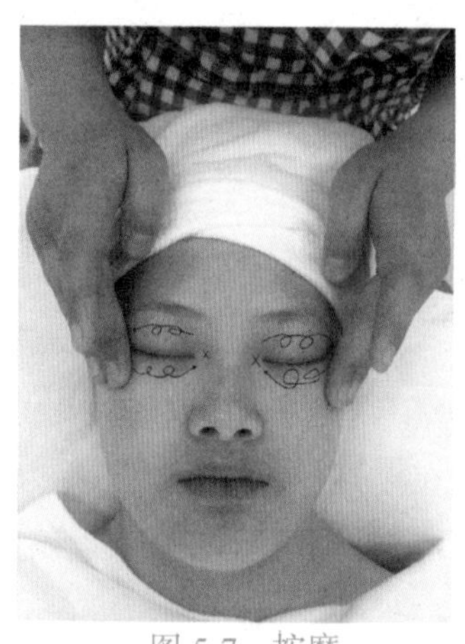
图 5-7　按摩

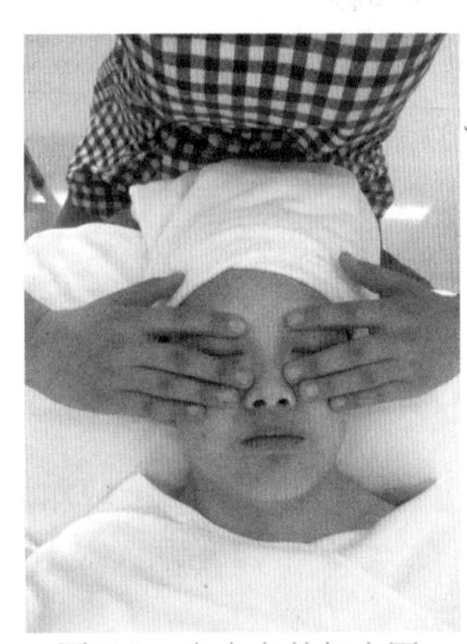
图 5-8　由内向外打大圈

③ 在眼角处以食指及中指做点弹按摩，时间为 0.5 分钟。

④ 以食指与中指点弹，从眉头至眉梢，再回眉头，重复 6 次。

⑤ 从眼角处向睛明穴在眼肚部位做“∞”字滑动，来回 6 次。具体方法为：左手中指、无名指尽量分开，左眼鱼尾纹用右手，经左眼下眼眶向睛明穴按压，再经鼻梁、右眼上眼眶滑至右眼外眼角鱼尾纹处，换手，重复 6 次，如图 5-9 所示。

⑥ 用四指压上眼眶轻轻往眼角拉滑。

⑦ 以中指和无名指按压睛明穴，并上下提拉，如图 5-10 所示。

⑧ 拇指压太阳穴，用中指及无名指从睛明穴拉向眼角，如图 5-11 所示。

⑨ 左右手中指、无名指交替在右眼皮滑摩 3 次，再到左眼皮滑摩 3 次。

⑩ 用中指和无名指分别放在左右眼上，颤动 6 次，如图 5-12 所示。

⑪ 食指、中指、无名指放在左右眼尾轻按并滑摩至太阳穴，如图 5-13 所示。

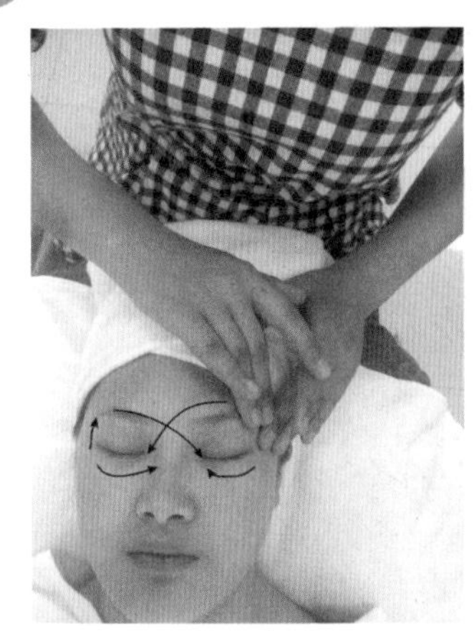

图 5-9　在眼肚部位做“∞”字滑动按摩

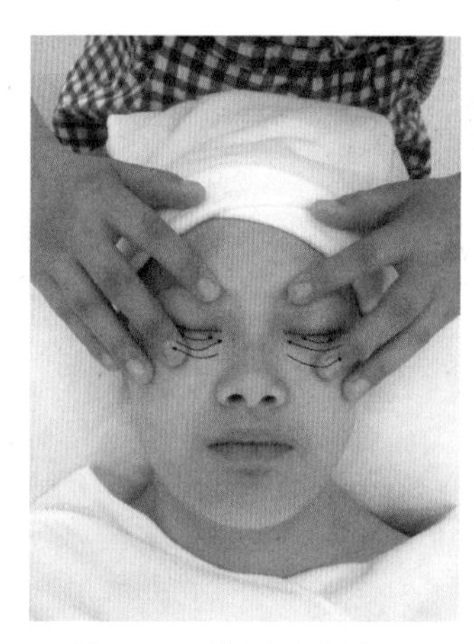

图 5-10　按压睛明穴上下提拉

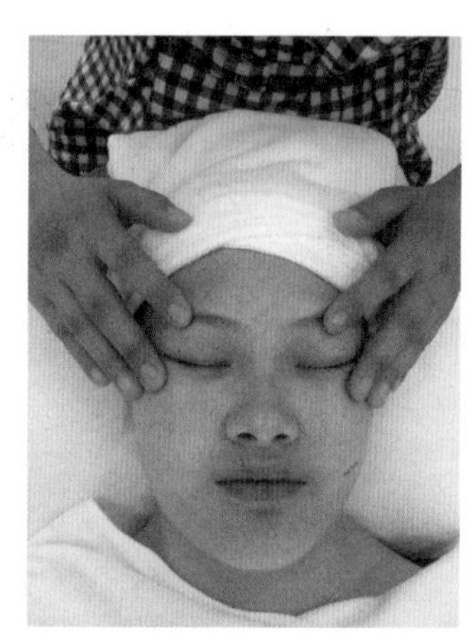

图 5-11　从睛明穴提向眼角

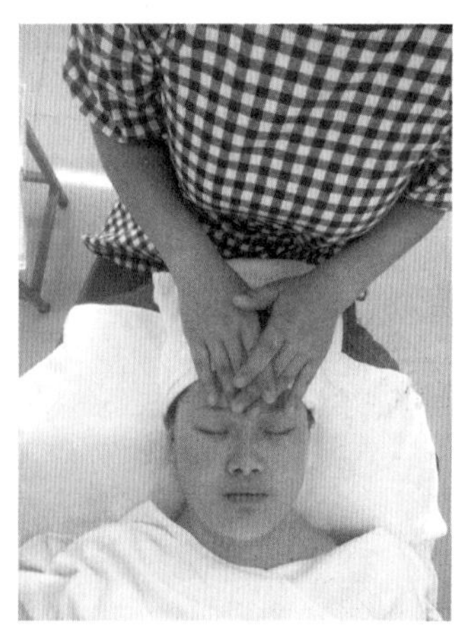

图 5-12　颤抖

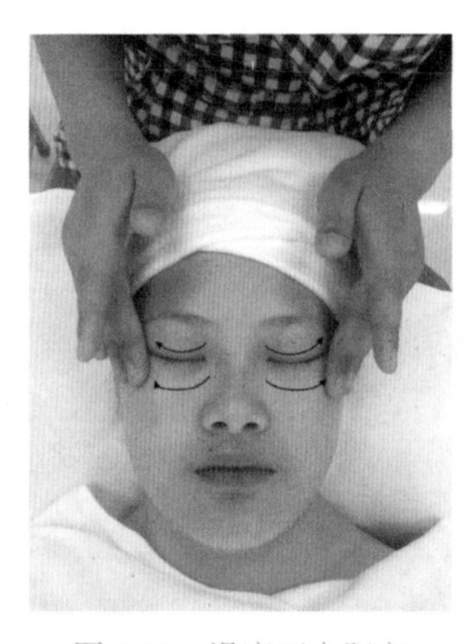

图 5-13　滑摩至太阳穴

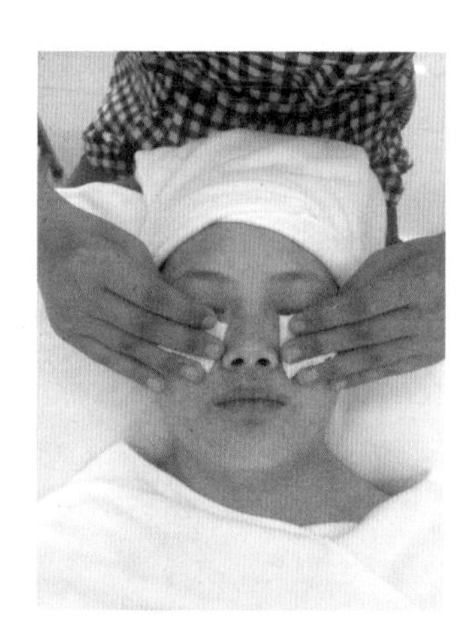

图 5-14　敷眼膜

（7）仪器护理或涂精华素（或眼霜）。

（8）敷眼膜，如图 5-14 所示，根据眼部肌肉走向，用眼膜刷在眼睛周围做环状涂抹，注意动作要轻柔。

三、常见眼部问题及护理方案

由于眼部特殊的生理结构，导致眼部很容易出现疲劳、水肿、黑眼圈、眼袋、鱼尾纹、脂肪粒等损美现象。

（一）下睑皮肤、眼袋

眶隔膜松弛，眶脂肪脱出，于睑下缘上方形成袋状膨大。

1. 眼袋的类型

（1）暂时性眼袋：是指因睡眠不足、用眼过度、肾病、怀孕、月经不调等原因导致血液、淋巴液等循环功能减退，造成暂时性体液堆积，称为眼袋。它可以通过一些护理手段得以改善，但如不及时治疗，日积月累也会形成永久性的眼袋，特别是年龄较大的人。

（2）永久性眼袋。永久性眼袋分为 4 种类型：

① 下睑垂挂畸形型。由于年龄的增大，整个肌体功能的衰退，使皮肤、肌肉松弛所致。

② 睑袋型。其主要原因是眶内脂肪从松弛的局部间隙疝出所致。

③ 单纯脂肪膨出型。此类型多为年轻人，与遗传因素有关。

④ 肌性眼袋型。主要原因为眼轮匝肌肥厚。

永久性眼袋一旦形成，只能通过整形美容手术去除，因此，美容师绝不能盲目承诺治疗效果而招致不必要的纠纷。

2. 眼袋的成因

（1）年龄因素：人到了中老年，由于眼睑皮肤逐渐松弛，皮下组织萎缩，眼轮匝肌和眶隔膜的张力降低，出现脂肪堆积，形成眼袋，主要是下睑垂挂畸形型。

（2）遗传因素：有家族遗传史者，眼袋可出现于青少年时期，且随着年龄的增长越加明显，多为单纯脂肪膨出型。

（3）疾病因素：如患有肾病者，会因血液、淋巴液等循环功能减弱，造成眼睑部体液堆积而形成或加重眼袋。

（4）生活习惯：疲劳、失眠、经常哭泣、戴隐形眼镜时不正确的翻动、拉扯、搓揉眼部，使之失去弹性而松弛。

3. 暂时性眼袋护理方案（如表 5-1 所示）

表 5-1　暂时性眼袋护理方案

护理的目的：通过按摩、眼袋冲击机、面膜等方式对眼部皮肤进行护理，达到促进循环，排除多余体液，减少脂肪堆积，增加皮肤弹性，消除眼袋的目的。			
步　骤	产　品	工具、仪器	操作说明
消毒	70% 的酒精	棉片	消毒使用的工具、器皿及产品的封口处
卸妆	眼部卸妆液	棉片、棉签	动作小而轻，勿将产品弄进顾客眼睛，棉片、棉签一次性使用
清洁	保湿洁面乳	洗面海绵或小方巾、洗面盆	动作轻快，操作时间 1 分钟即可
爽肤	双重保湿水	棉片	用棉片蘸保湿水轻拍脸部，再以点弹手法按摩促进吸收
观察皮肤		肉眼或相关仪器	看清眼部皮肤问题，操作有的放矢
蒸面		喷雾仪	距离 35 厘米，时间 5 分钟
仪器	眼霜或眼部用减肥霜	眼袋冲击机	每只眼按摩 5 分钟，配合产品起到促进血液及淋巴循环、减少脂肪堆积、增强皮肤弹性的作用
按摩	眼霜或眼部用减肥霜	徒手	以叩抚法和排毒手法、按压手法为主，排除多余的体液，收紧皮肤
敷眼膜	眼膜和眼部精华素	眼膜刷、眼膜垫、纱布、小碗等	在眼膜和眼部精华素上盖纱布或眼膜垫，促进吸收，时间 10～15 分钟
眼霜	眼霜	—	—
家庭护理计划	1.每天做眼部按摩，特别是淋巴引流按摩，方法为：用中指按在眉头上，沿眉毛慢慢向外按摩，经太阳穴、颧骨、两颊抹向耳根，重复 10 次，可以消除多余的体液 2. 保证充足优质的睡眠 3. 睡前少喝水，并将枕头适当垫高，疏散容易储积的水分 4. 多吃胡萝卜、番茄、马铃薯、动物肝脏、豆类等富含维生素 A 和维生素 B_2 的食物，有利于眼部健康		

（二）黑眼圈

当眼周皮下静脉血管中的血液循环不良，导致眼周淤血或眼周皮肤发生血色素滞留时，均会使上、下睑皮肤颜色加深，出现黑色、褐色、褐红色或褐蓝色的阴影。

1. 黑眼圈的成因

黑眼圈的形成原因目前还不十分清楚，可能为常染色体显性遗传，但长期睡眠不足、过度疲劳、肝胆疾病、内分泌紊乱、局部静脉曲张、外伤和化妆等都是导致黑眼圈的原因。

（1）睡眠不足，疲劳过度。当人体疲劳过度，特别是夜间工作，眼睑长时间处于紧张状态，致使该部位的血流量长时间增加，引起眼睑皮肤结缔组织血管充盈，导致眼圈淤血，滞留下阴影。

（2）肝肾阴虚或脾虚。根据中医理论，黑眼圈是肝肾阴虚或脾虚的一种皮肤表现。肾气耗伤则肾之黑色浮于上，因此眼圈发黑。同时伴有失眠、食欲缺乏、心悸等症状。

（3）月经不调。黑眼圈还常出现于月经不调的患者身上，多见于未婚女青年。患有功能性子宫出血、原发性痛经、月经紊乱等，均会出现黑眼圈。这些情况或多或少兼有贫血或轻度贫血。在苍白的面色下，黑眼圈会显得更突出。

（4）遗传。

（5）生活习惯。吸烟过多，盐分摄入过量等均可导致黑眼圈。

2. 黑眼圈护理方案（如表 5-2 所示）

表 5-2 黑眼圈护理方案

护理目的：通过蒸面、热敷、按摩、超声波美容仪、眼膜等手段进行眼部护理，达到改善局部血液循环，减少淤血滞留，增加毛细血管弹性，减轻和消除黑眼圈的目的（注：黑眼圈的成因多与身体内在有关系，如是身体疾病引起的黑眼圈应去医院就诊，病愈症除，美容院护理只能针对暂时性症状进行改善，收效甚微）。			
步骤	产品	工具、仪器	操作说明
消毒	70% 的酒精	棉片	消毒使用的工具、器皿及产品的封口处
卸妆	眼部卸妆液	棉片、棉签	动作小而轻，勿将产品弄进顾客眼睛，棉片、棉签一次性使用
清洁	保湿洁面乳	洗面海绵或小方巾、洗面盆	动作轻柔，操作时间 1 分钟即可
爽肤	双重保湿水	棉片	用棉片蘸保湿水轻拍脸部，再以点弹手法按摩促进吸收
观察皮肤		肉眼或相关仪器	看清眼部皮肤问题，操作有的放矢
蒸面		喷雾仪	距离 35cm，时间 5 分钟
仪器	眼霜或眼部用减肥霜	超声波美容仪	眼睛只用 0.5～0.75 频率，每只眼睛 5 分钟，眼球禁止使用。目的是帮助产品吸收，促进局部血液循环，使皮下组织充满活力
按摩	眼霜或眼部用减肥霜	徒手	以按压打圈手法为主，促进血液循环，重点是对眼部穴位的按压，起到活血化瘀的作用
眼膜	眼膜和眼部精华素	眼膜刷、眼膜垫、纱布、小碗等	在眼部使用眼膜后，再使用眼部精华素，最后再盖上纱布或眼膜垫，促进吸收，时间 10～15 分钟
眼霜	眼霜	—	可加眼部防晒霜
家庭护理计划	请教医生，找出真正病因，对症下药，进行治疗，才能真正消除黑眼圈 保持精神愉快，生活有规律，强健身体，保证充足睡眠，可使气血旺盛，容颜焕发，黑眼圈自然会减轻 每天配合眼霜做眼部按摩，改善局部血液循环状态，可预防或减轻黑眼圈 多吃胡萝卜、番茄、马铃薯、动物肝脏、豆类等富含维生素 A 和维生素 B_2 的食物，有利于眼部健康		

（三）鱼尾纹

在眼角外侧的皱褶线条称为鱼尾纹，由于其形态类似鱼尾翼纹线，故称鱼尾纹。

鱼尾纹的成因

① 年龄因素：由于皮肤衰老、松弛，胶原纤维和弹性纤维断裂而形成自然的鱼尾纹。

② 表情因素：做某种表情所形成的，如人笑的时候，眼角会形成自然的鱼尾纹。

③ 环境因素：阳光的照射、环境的污染或环境温度过高、过低，也会使皮肤的胶原蛋白及粘多糖体减少，眼部的弹性纤维组织折断，从而产生鱼尾纹。

④ 生活习惯：洗面的水温过高或过低，或吸烟过多等。

眼部鱼尾纹护理程序如下：

（1）美容师清洁双手。

（2）眼部卸妆，并清洁眼部皮肤。

（3）用左手的中指和无名指分开，然后用横着的 V 字姿势轻轻把眼角拉开。

（4）用右手的无名指和中指，用画圈的方法在眼角按摩眼部精华油。

（5）涂上眼霜，护理结束。

日常在家采用“保湿眼部精华 + 抗老眼霜 + 眼膜”的方案进行眼部护理，不可因懒惰间断；并保持充足睡眠，注意休息，不可使眼睛过度疲劳。

（四）其他

1. 脂肪粒（医学上又称为粟丘疹）

脂肪粒是指粟粒大的白色或黄色颗粒硬化脂肪，表面光滑，呈小片状，单独存在，互不融合，埋于皮内，容易发生在较干燥、易阻塞或代谢不良的部位，如眼睑、面颊及额部。

（1）成因：

① 新陈代谢缓慢，皮肤毛孔堵塞。皮肤长期缺乏清洁保养或使用油性过大的眼霜、日霜等化妆品，毛孔阻塞，油脂无法排泄，使皮脂硬化形成脂肪粒。

② 饮食失调引起。由于重要营养素的吸收不当，使血液与淋巴系统无法供给皮肤正常的营养，引起皮肤干燥，代谢不良，油脂聚积，不易排出。

③ 干燥缺乏保养。长期缺乏滋润保养，表皮偏干，油脂不易排出。

④ 皮肤的微小伤口。

（2）护理程序：

① 准备工作。

② 消毒：用酒精对双手和用品进行消毒。

③ 卸妆：用温和的眼部卸妆液对眼、唇、眉卸妆，并用湿棉片擦干净。

④ 清洁：用适合肤质的洁面乳进行全脸清洁。

⑤ 爽肤。

⑥ 观察皮肤。

⑦ 去角质。

⑧ 喷雾。

⑨ 用阴阳离子电疗仪导出毛孔内的污垢，帮助毛孔通畅。

⑩ 按摩：视皮肤性质做适度按摩。

⑪ 针清：先用酒精消毒皮肤，再用消毒过的暗疮针挑出白色颗粒，注意不要将酒精溅入顾客的眼睛。

⑫ 仪器：用高频电疗仪处理创面，防止细菌感染，补充皮肤养分。

⑬ 面膜：可选用适合肤质的天然植物软膜，补充皮肤养分。

⑭ 基础保养。

⑮ 结束工作。

2. 眼疲劳

眼睛水晶体周围的肌肉负责对焦，肌肉太疲劳，就会导致眼睛疲劳和视力减弱，眼睛干涩，出现红血丝、流泪、眼花等现象，这些都是眼疲劳的症状，尤其是长期伏案工作或用计算机工作的人群更容易出现眼疲劳，严重的还会出现肩、颈、头痛等症。

（1）成因：

① 用眼过度，导致眼周肌肉疲劳。

② 眼液减少，眼睛干燥。

③ 各种外来刺激和污染，导致眼部肌肉及神经紧张。

（2）护理方案：重点进行头、肩部及眼部穴位按摩。

3. 水肿

眼部水肿是由于过多的体液积于皮下组织而引起的眼部皮肤肿胀。长时间水肿会导致眼部细胞缺乏营养，毛细血管的间隙加大，充斥体液而使养分流失，细胞受损。水肿消失后，皮肤会发黄、发青，出现皱纹。

（1）成因：

① 用眼过度。

② 睡眠时间过长或过短。

③ 睡觉前饮水过多，体液排泄不畅而积于皮下。

④ 哭泣。

（2）护理方案：重点进行穴位按摩和眼部淋巴引流按摩。另外，冷敷可收紧组织，减轻肿胀，可用毛巾将冰块包起来冷敷眼部，或用泡过的冰红茶袋冷敷于眼部 10 分钟左右来缓解肿胀。

牛刀小试

观察你的朋友和家人，看看她们的眼部护理方案是否合理，并给出正确的护理建议。

任务二　唇部皮肤护理

任务情景

健康丰润的双唇是很多女性的追求。现在市场上有形形色色的唇膏基本可以满足这一追求，但是有的时候，我们面对众多的产品却不知如何选择，尤其是在唇部严重缺水的情况下，仅仅依靠唇膏不能解决问题，我们还是应该去美容院做一个系统的唇部护理。

任务要求

掌握唇部生理特点和护理方法。

知识准备

美容院唇部护理是指美容师通过一定的美容护理手段，来保养顾客唇部皮肤，使其保持红润健康的良好状态。

一、唇部的生理结构及特点

唇部结构如图 5-15 所示。唇部是面部活动范围最大的两个瓣状软组织结构，有丰富的汗腺、皮脂腺和毛囊，为疖肿好发部位。

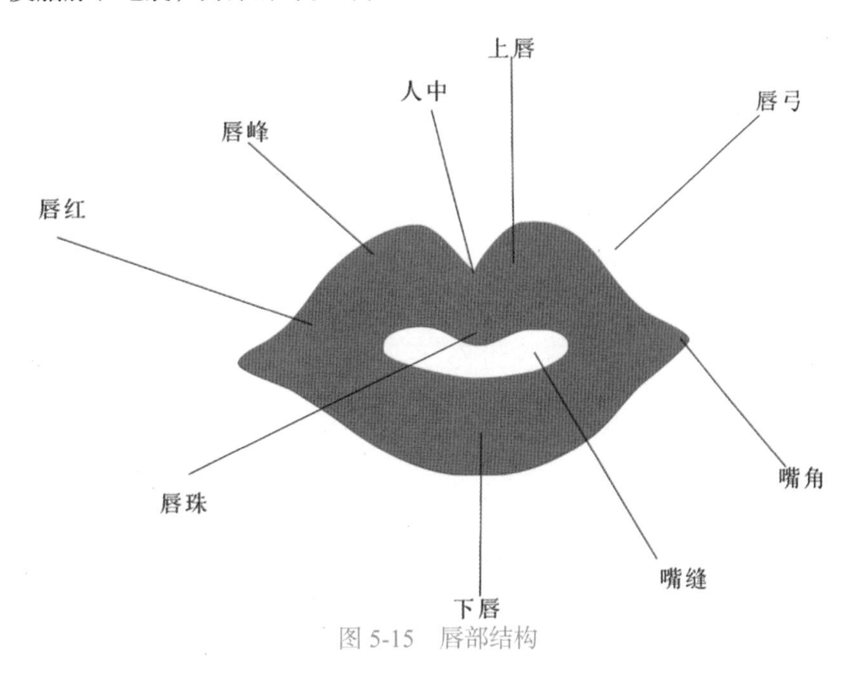

图 5-15　唇部结构

肌肉：位于唇部皮肤与黏膜之间。唇部的肌肉主要是口轮匝肌。口轮匝肌为环状肌肉，具有内、外两层纤维。内层纤维很厚，位于口唇的边缘，不与颌骨附着，收缩时可使口唇缩小，外层纤维很薄，与颌骨附着，并与面部的肌肉（如上唇方肌、下唇方肌、颧骨、笑肌、颊肌和三角肌）相连。其主要机能是将口唇附着在上下颌骨上。另外，可使口唇与面部肌肉密切相连。

黏膜：位于唇内面，黏膜下有许多黏膜腺。

唇红：上下唇黏膜向外延展形成唇红。唇红部上皮有轻度角化，结缔组织有高的乳头伸入上皮，乳头中有丰富的毛细血管，使血液的颜色透出来而发红。唇红部上皮较薄、易受损伤或损害，此处有皮脂腺，无小汗腺与毛发。唇红部表面为纵行细密的皱纹。

唇弓：唇红与皮肤交界处为唇红缘，形态呈弓形，故也被称作唇弓，还被西方画家称为“爱神之弓”。

血管、神经：唇部及外鼻的血液供应来自颈外动脉与颈内动脉的分支。血管弓走行于距唇红缘深面约 6mm 处。唇部感觉由眶下神经和颏神经支配，唇部肌肉由面神经支配。

二、唇部问题的成因

（1）身体不健康，气血不畅，唇部易干燥，无血色。

（2）护理不当，不注意唇部保养。

（3）长期使用着色力较强的持久型粉质唇膏。

（4）经常无意识地咬、舔嘴唇，损伤保护膜，引起肿胀、掉皮、发炎。

（5）正在服用抗组织胺，感冒咳嗽的药，利尿剂也会使唇部上的黏膜变得干燥。

（6）阳光中的紫外线照射可使唇部干燥、龟裂，严重者会起泡。

（7）长期生活在干燥的环境中。

（8）单纯性疱疹病毒的侵袭。

三、唇部护理的基本程序

1. 准备工作

将相关设备、工具、产品准备就绪。

2. 消毒

将相关设备和产品进行卫生消毒，并放置在合理的位置。

3. 清洁

先进行全脸清洁，再使用唇部专用卸妆产品清洁唇部，尤其是对于唇部褶纹较深的人，卸妆时，要充分清除掉褶纹里残留的唇膏。先将充分沾湿卸妆液的棉片轻轻按压在唇上 5 分钟，再将双唇分为 4 区，从唇角往中间轻拭，褶纹里的残妆可用棉花棒蘸取卸妆液仔细地清除（如图 5-16 所示）。

4. 去角质

只有彻底清除干燥翘起的唇皮，双唇才会恢复光滑细腻的感觉。可选用适合唇部用的去角质产品，如清爽的薄荷配方（如图 5-17 所示），在清除死皮的同时，又具维护作用，每月做 1 次。注意：已经受损的嘴唇不能进行去角质。

5. 敷唇

用热毛巾敷在唇部 3～5 分钟（如图 5-18 所示）。

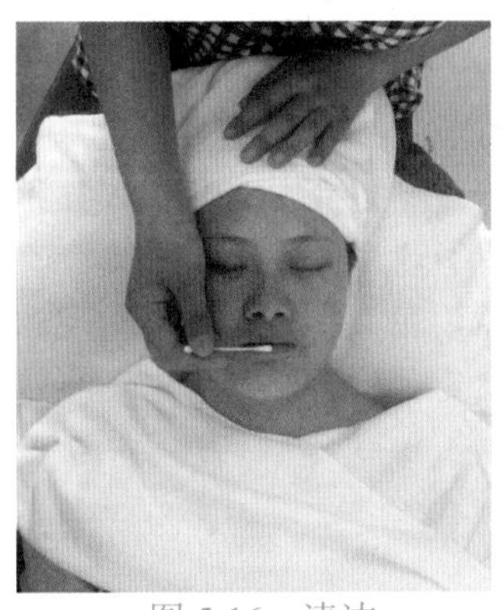
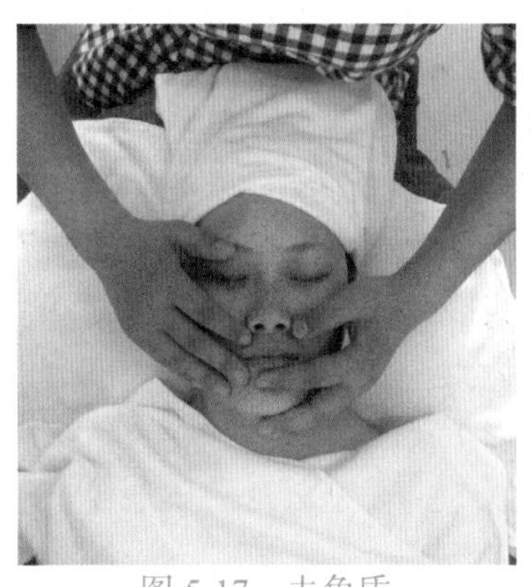
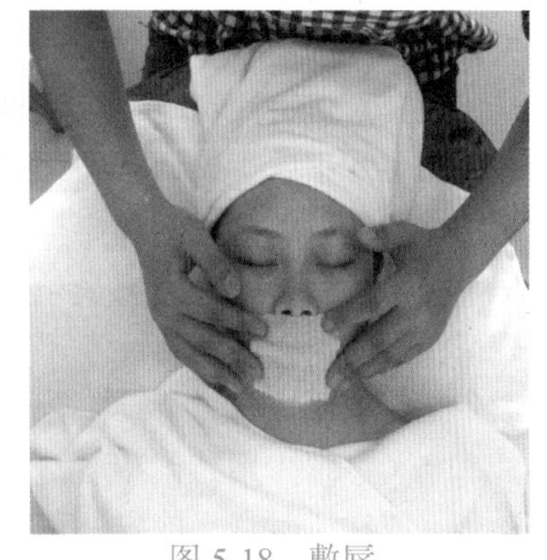

图 5-16 清洁　　图 5-17 去角质　　图 5-18 敷唇

6. 按摩

用滴管在唇部滴上保养液进行按摩。按摩时，用食指和大拇指捏住上唇，大拇指不动，食指以画圆方式按摩上唇，注意动作轻柔；再用食指和拇指捏住下唇，食指不动，轻动大拇指按摩下唇（如图 5-19（a）所示），反复数次，可消除或减少嘴唇横向皱纹。最后轻拍嘴角部位，可减轻嘴角纹（如图 5-19（b）所示）。

（a）　（b）

图 5-19 唇部按摩

7. 敷唇膜

在敷面膜的同时，贴上唇膜或涂上唇部修复精华素、维生素 E 进行护理，并用热毛巾或纱布敷 10 分钟，每周可做 1～2 次。

8. 清洗

擦去唇膜，用温水洗净。

9. 基本保养

涂上唇部保湿精华素或营养油等，供给唇部营养，最后再用柔和的面巾纸轻压唇部以收到双倍的效果。

四、唇部的家庭保养

（1）如果觉得唇部不够滋润，可视需要涂抹护唇膏，但不能长期依赖它，否则唇部会失去自我滋润能力。

（2）夏天可涂抹一些含防晒成分的护唇膏，保护嘴唇免受晒伤。

（3）如果唇部长期干裂，可轻轻涂抹滋润和修护性的凡士林，晚上可用维生素 E 胶囊涂抹嘴唇使其得到滋润和修护，另外，也可涂用一些唇部修复精华素。

（4）嘴唇是表达喜怒哀乐的媒介，由于肌肉不停地牵动，嘴角和上唇容易出现皱纹和表情线。所以，平时要注意不要做太夸张的唇部动作，也可以在每日卸妆后以食指轻轻从嘴角处向外侧按摩，持续 1 分钟以上。

（5）尽量少用持久型唇膏，因为持久型唇膏的质地较干涩，会使唇部更干，最好选择唇蜜，或在上唇膏之前先使用护唇膏。

（6）将唇膏涂满精华素或营养霜后把嘴张大，以发出“啊”音的形状保持 5 秒，再以发出“唉”音的形状保持 5 秒后放松，再让嘴保持 5 秒发出“喔”音形状并在嘴角处用力，然后，让嘴保持发出“咦”和“呜”音的形状各 5 秒。重复上述动作 5 分钟，让嘴唇和嘴角的皮肤恢复弹力。

项目六 修饰美容

项目引领

随着物质生活水平的提高，人们对美的追求也日趋强烈，美容化妆已成为日常生活的一部分。修饰美容（如图6-1所示）让无暇美容的女性青春焕发，使有某些缺陷的容貌经修复而神采奕奕。

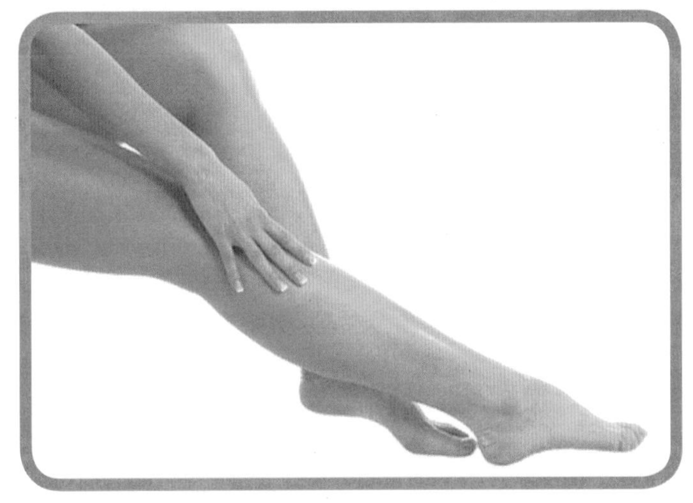

图6-1 脱毛

项目目标

知识目标：

1. 了解人体毛发的分类与分布。
2. 了解植假睫毛与粘贴假睫毛的区别。
3. 了解烫眼睫毛的目的和基本原理。

技能目标：

1. 熟练掌握人体不同部位以及不同方式的脱毛操作手法。
2. 掌握植假睫毛的方法。
3. 掌握烫眼睫毛的步骤、方法及技术要求、注意事项。

任务一　脱　　毛

任务情景

夏天到了，对于很多爱美的女孩来说，脱毛又成了一项重要课题（如图 6-2 所示）。那么究竟怎样脱毛才好呢?

任务要求

了解人体毛发的分类与分布，熟练掌握人体不同部位以及不同方式的脱毛操作手法。掌握永久性脱毛的步骤、方法及脱毛后皮肤异常反应的处理方法。

知识准备

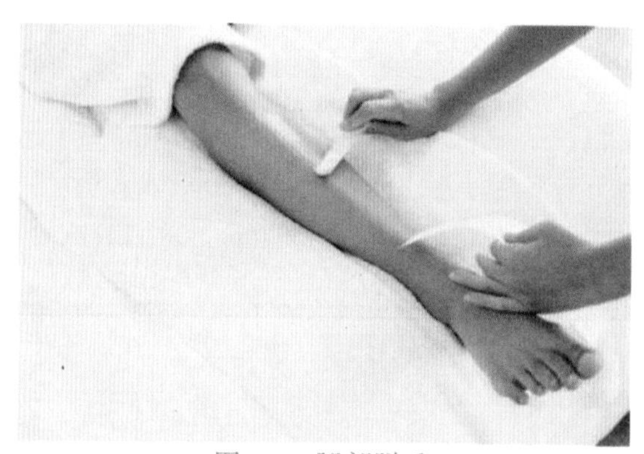

图 6-2　腿部脱毛

一、暂时性脱毛

（一）人体毛发的分类与分布

人体的毛发除手掌、脚掌、指趾末节外遍布全身皮肤。其主要成分是角蛋白。

人体的毛发以长短粗细划分，可分为长毛、短毛、毳毛三种。长毛包括头发、腋毛、阴毛等；短毛包括眉毛、睫毛、鼻毛等；毳毛柔软、色淡、短细。

如果按毛发的软硬划分，人体的毛发又可分为软毛和硬毛两大类。软毛细软，毛色浅淡，一般毳毛属软毛；硬毛粗硬，毛色较深，一般长毛、短毛属硬毛。

（二）脱毛的目的

（1）化妆时，将鬓角多余的毳毛脱去，便于化出更符合要求的妆型。

（2）将女士裸露在外部过长、过于浓密的体毛脱除，使其达到更完美的目的。

（三）脱毛方法的分类

1. 永久性脱毛

永久性脱毛是利用仪器破坏毛囊，使毛发脱去，并且不再长出新毛。

2. 暂时性脱毛

暂时性脱毛是暂时性将毛发脱去，但不久后还会长出新毛。暂时性脱毛又可分为化学性脱毛和物理性脱毛。

（1）化学性脱毛：常用的化学脱毛剂主要有脱毛膏、脱毛霜和脱毛液等。

（2）物理性脱毛。

① 蜡脱毛：蜡脱毛又分为冻蜡脱毛和热蜡脱毛。

② 线脱毛：即民间常说的“纹脸”，主要用于脱鬓角绒毛。

③ 刀剃（刀刮）：用剃刀刮毛。

④ 拔毛：用眉钳或小镊子拔毛。

（四）不同脱毛用品的脱毛步骤与基本方法

1. 化学除毛剂脱毛

化学除毛剂包括脱毛液、脱毛膏及脱毛霜等。其中含有能够溶解毛发的化学成分，可溶化毛干，达到脱毛的目的。此种方法多用于脱细小的绒毛，经常使用可使新生毛发变稀变淡。

（1）操作方法与步骤：

① 将欲脱毛部位清洁。

② 将脱毛膏（霜）顺毛发生长方向涂于需脱毛部位皮肤上。

③ 10 分钟后，用扁平刮板逆毛发生长方向将脱毛膏（霜）及汗毛刮下或用潮棉片逆毛发的方向将脱毛膏及汗毛一同擦下。

④ 用温水清洗局部皮肤。

⑤ 涂护肤霜。

（2）注意事项：

① 化学性除毛剂对皮肤刺激性较大，过敏性皮肤不宜使用。

② 不同的脱毛膏（霜）的效力强度不同，所以涂在皮肤上等待的时间也不同，在使用前应注意先看说明。

③ 化学除毛剂长时间附着于皮肤上，会伤害皮肤，故在使用时，其附着于皮肤的时间不可过长，并应及时彻底清洗干净。

④ 化学脱毛剂脱毛一般情况下仅适用于脱细小的绒毛。

2. 脱毛蜡脱毛

脱毛蜡分冻蜡和热蜡。

（1）冻蜡及其使用方法：冻蜡的主要成分为多种树脂，黏着性强，可溶于水，呈胶状。使用时不用加热，可直接涂于脱毛处皮肤，并与皮肤紧密黏着，无不适感，适用于敏感部位皮肤脱毛。

操作步骤与方法如下：

① 清洁脱毛部位局部皮肤。

② 将需脱毛部位薄薄涂一层爽身粉，吸去油脂，起到隔离蜡与皮肤的保护作用。

③ 用扁平的刮板将冻蜡顺着毛发生长方向薄而均匀地涂于皮肤上。

④ 将纤维纸平铺于蜡面上，并轻轻按压，使纤维纸、脱毛蜡与皮肤粘紧。

⑤ 一手按住皮肤，另一手执纤维纸边，逆毛发生长的方向快速揭下，毛发会随纸一起脱下。

⑥ 将局部清洗干净，涂护肤霜。

（2）热蜡及其使用方法：热蜡为蜂蜡与树脂混合而成。一般呈固体状态，待温度降到适宜皮肤时，方可涂在皮肤上。

操作步骤与方法如下：

① 用熔蜡器将蜡块加热熔化。

② 将欲脱毛处皮肤清洁干净。

③ 在欲脱毛处均匀地涂一层爽身粉。

④ 待蜡降到适宜的温度时，用刮板将蜡顺着毛发生长的方向，薄而均匀地涂于脱毛处皮肤。

⑤ 将纤维纸平铺于蜡面上，按实。

⑥ 一手按住皮肤，另一手持纤维纸边，逆毛发生长的方向快速揭下。

⑦ 将局部清洗干净，涂护肤霜。

（3）冻蜡与热蜡的主要特点：冻蜡使用方便，广泛适用于多种皮肤，但成本较高。热蜡成本较低，用过的蜡经过消毒、加热（高温加热 20 分钟）、滤去毛发后可重复使用（但一般不提倡），但操作较麻烦，且应熟练准确地掌握蜡的温度，以免过热灼伤顾客或因过凉影响脱毛效果。

（五）不同部位脱毛的步骤、方法

1. 四肢脱毛（以用热蜡脱毛为例）

（1）主要用品用具：脱毛蜡、扁平刮板、纤维纸、爽身粉、粉扑、熔蜡器。

（2）准备工作：

① 使用热蜡时，必须先用熔蜡器将蜡块熔化，备用。

② 将欲脱毛皮肤清洁干净。

③ 用粉扑将爽身粉薄而均匀地涂于四肢需脱毛处的皮肤上。

（3）操作步骤与方法：

① 用扁平刮板刮取少量脱毛蜡，与皮肤约呈 45 度角将其顺着毛发生长方向薄而均匀地涂开。

② 将纤维纸铺在蜡面上，轻按压实，一手按住皮肤，另一手将纤维纸逆着毛发生长的方向快速揭下，继续对其余部位脱毛。

③ 清洗干净后涂护肤霜。

（4）注意事项：

① 涂脱毛蜡一定要顺着毛发生长方向，揭纸时要逆着毛发生长方向。

② 揭纤维纸动作要快，否则会感觉疼痛。

③ 脱毛要彻底，脱毛部位不能有残余毛发。

④ 使用热蜡时，温度不要过高，一般在 40～55℃为宜，避免烫伤皮肤。

⑤ 涂热蜡时，动作要快，以免因蜡冷却凝固而影响脱毛的效果。

2. 脱腋毛

因为人体腋下神经丰富，很敏感，故一般采用冻蜡脱腋毛。

（1）主要用品用具：剪刀，其余主要用品用具同四肢脱毛。

（2）准备工作：

① 将腋毛剪短，留约 1cm 长即可，以方便涂蜡，并增加蜡的附着力。

② 将局部清洁。

③ 涂爽身粉。

（3）操作步骤与方法同四肢脱毛方法。

（4）注意事项：

① 修剪腋毛要长短合适，太长或太短均会影响脱毛效果。

② 腋下皮肤较敏感，每一次脱毛面积要小，逐步进行，直到完全脱净为止。

3. 脱唇毛、鬓角绒毛

可以用脱毛蜡脱毛，也可以用脱毛膏脱毛。

（1）主要用品用具：脱毛蜡或脱毛膏，其余用品用具同四肢脱毛。

（2）准备工作（以用脱毛蜡脱毛为例）：

① 加热熔化蜡块。

② 局部清洁，涂爽身粉。

（3）操作步骤与方法同四肢脱毛方法。

（4）注意事项：

① 上唇左右两侧毛发生长的方向不同，在脱毛过程中应注意观察，分别进行。

② 唇部皮肤较敏感，用蜡脱毛时，要一小片一小片地脱。

③ 唇毛细而柔软，采用化学脱毛剂脱毛具有不易疼痛的特点，其效果更佳。但脱毛后应及时用清水清洗干净，以免刺激皮肤。

二、永久性脱毛

女性体毛过长或过于浓密会影响美观，尤其是一些专业人员，如舞台上的舞蹈演员，暴露部位较多时，如果腋下的腋毛浓密且长，则看上去不够雅观。永久性脱毛，既能将毛脱除，又可使其不能再生，省去了反复脱毛的麻烦（如图 6-3 所示）。

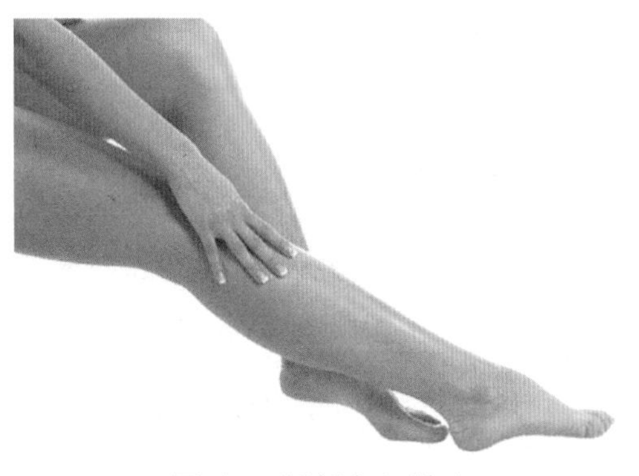

图 6-3　腿部永久脱毛

（一）永久性脱毛的原理

利用脱毛机产生超高频震荡信号，形成静电场，作用于毛发，将其拔除，并破坏其毛囊和毛乳头，使毛发不能再生，从而达到永久性脱毛的效果。

（二）永久性脱毛的主要用品用具

（1）美容脱毛机。

（2）洗面奶、75%浓度的酒精、棉球。

（3）棉签、消炎膏。

（三）步骤、方法

（1）将脱毛部位彻底清洁、消毒。

（2）将美容脱毛机的定时器定时。一般定时5秒，但在使用仪器前，一定要先阅读仪器使用说明书，因为有的仪器的定时时间长短不一样。

（3）用输电钳将要脱毛发一根根夹住。

（4）接通电源，打开开关，仪器自动发出警声，即可拔除毛发。

（5）通电5秒（以所预定时间为准）后将脱毛部位薄涂消炎膏。这种脱毛方法无痛苦，不损伤周围皮肤，多次使用可使毛囊受损而失去再生能力，达到永久脱毛的目的。永久性脱毛常用于脱去腋毛、倒长的睫毛及杂乱生长的眉毛等。

（四）脱毛后皮肤的反应及处理

永久性脱毛后，多数人无异常反应。少数皮肤较敏感者会出现局部皮肤微红或发红，甚至轻度红肿。一般情况，若操作方法正确，无皮肤损伤，均属正常情况，可不做处理。一般在半小时内，异常情况便可自动消失。对于轻度红肿者，可略做冷敷，其症状在一段时间内可消失。

（五）永久性脱毛的技术要求与注意事项

（1）操作认真，将脱毛部位的每一根毛发都夹住。严格按照仪器的操作规程，如先接通电源、再打开开关的顺序使用。

（2）严格按照仪器使用说明，掌握拔除毛发时定时时间的长短。

（3）切不可忽略脱毛局部的清洁、消毒及薄涂消炎膏等工作。

牛刀小试

对于四肢脱毛可以用哪些方法？应该如何操作呢？

任务二 美 睫

任务情景

人们都喜爱长睫毛、卷睫毛、浓密的睫毛，但往往不能如意。睫毛不够理想，并不是没有办法来补救。可以借助物理或化学手段来临时救急，比如用睫毛夹或电烫棒；也可以通过化学药剂使睫毛发生永久性形变。

任务要求

掌握植假睫毛的方法；掌握烫眼睫毛的步骤、方法及技术要求、注意事项。

知识准备

一、植假睫毛

植假睫毛是通过特定的胶水将一束一束假睫毛根据眼形的要求粘贴在眼睫毛上，增添眼睛的魅力，产生动人逼真的效果，免去了天天涂抹睫毛膏或夹翘睫毛的麻烦。

它与以往的粘贴假睫毛有所区别：首先由于使用的是特定的胶水，因此，保持时间较长，一般在2周左右的时间，而普通粘贴假睫毛在不沾水的情况下一般只维持在一天左右；另外，由于植假睫毛是一束一束地粘贴上去，因此，具有生动、自然、逼真的效果。

（一）用品用具的准备

1. 用品

假睫毛（短、中、长）、专用粘贴胶水、洗睫液、洗面奶、消炎药膏、75%浓度的酒精。

2. 用具

眉摄、棉棒、棉片、牙签。

（二）假睫毛的选择与应用

1. 短型号睫毛

该假睫毛适合眼睛小、睫毛较短稀淡及想达到自然逼真效果的人。

2. 中型号睫毛

该假睫毛适合眼睛大小适中、睫毛密度适中及想达到修饰效果的人。

3. 长型号睫毛

该假睫毛适合大眼睛、睫毛密度适中及想达到使眼睛黑亮，具有舞台修饰效果的人。

（三）操作步骤和方法

1. 植假睫毛

（1）美容师消毒双手及用具。

（2）清洁顾客眼部皮肤及睫毛。

（3）将微湿的棉片放在下眼睑处。

（4）根据眼形选择假睫毛的型号（型号分短、中、长三种）。

（5）在假睫毛的根部涂抹粘睫毛胶水，并将它紧紧粘贴在顾客的睫毛根处，然后将真假睫毛夹紧在一起。

（6）同样方法分别将一束一束假睫毛粘在顾客的睫毛上至完成为止，一般情况下，每两束假睫毛的间距在 2 毫米左右。

2. 去除假睫毛

（1）美容师消毒双手及用具。

（2）清洁顾客眼部皮肤。

（3）将微湿的棉片放在下眼睑处。

（4）左手持眉镊轻轻夹住假睫毛，右手持棉棒蘸取洗睫液，在假睫毛根部轻轻向下施力推擦，将假睫毛洗下来，至全部去除为止。

（5）将消炎药涂于睫毛根部皮肤。

（四）植假睫毛的要求及注意事项

（1）假睫毛的型号要根据顾客的睫毛长短、浓密及眼形的大小来选择。

（2）涂抹粘睫毛胶水的用量要适中，过多会显得不自然，过少睫毛则会粘不上。

（3）粘贴睫毛的动作要快，否则胶水易干涸造成浪费。

（4）粘贴睫毛的位置必须要在睫毛根部留一点空隙方显自然。

（5）拆卸假睫毛时，洗睫液切勿带入眼睛里。

（6）假睫毛一般能保持 2 周左右，如有掉假睫现象，须及时进行补贴。

二、烫眼睫毛

（一）烫眼睫毛的目的和基本原理

1. 烫眼睫毛的目的

（1）自然向上弯曲的眼睫毛，看上去会有加长了的感觉。

（2）眼睫毛自然向上翻卷时，眼轮廓（眼上沿）看上去会有增大了的感觉，使人的眼睛看上去更大，更有精神。

（3）烫后的眼睫毛，一般能维持 2～3 个月，既免去了每日夹眼睫毛的麻烦，又能达到使眼部靓丽、美观的目的。

2. 烫眼睫毛的基本原理

烫眼睫毛的原理与烫发相同，即利用特制的卷芯、药水，将眼睫毛卷起，固定弯度，使眼睫毛在一个时期内保持翘立弯曲。

（二）主要用品、用具

1. 烫眼睫毛药膏（水）

因为烫眼睫毛是在眼睛上进行，所以，其药膏是特制的。药膏（水）中所含的刺激成分远远低于烫发药水，效力持久，无须加热。一般情况下，一套烫睫毛膏（水）中应有四种用品：冷烫膏、护眼液、定型液、洗眼水。在使用前，要注意看说明书。

2. 卷芯

卷芯分粗、中、细三个型号，在使用时，根据客人眼睫毛的长短进行适当的选择。

3. 特制胶水、拨棒或小镊子、棉块、棉签、纸巾、毛巾、睫毛梳、睫毛膏。

（三）烫眼睫毛的步骤、方法

（1）彻底清洁眼部。

（2）依照客人睫毛的长短，选择适当型号的卷芯，剪成适当长度紧贴于睫毛根部（如图 6-4 所示）。

（3）用特制胶水将睫毛按顺序卷贴于卷芯上（如图 6-5 所示）。

（4）将冷烫膏均匀地涂敷于睫毛根部（如图 6-6 所示）。

（5）用浸过护眼水的湿棉片盖住眼部，为减少药效的挥发，也可在棉片上盖上纸巾，再加盖一条毛巾，等待 15～20 分钟（如图 6-7 所示）。

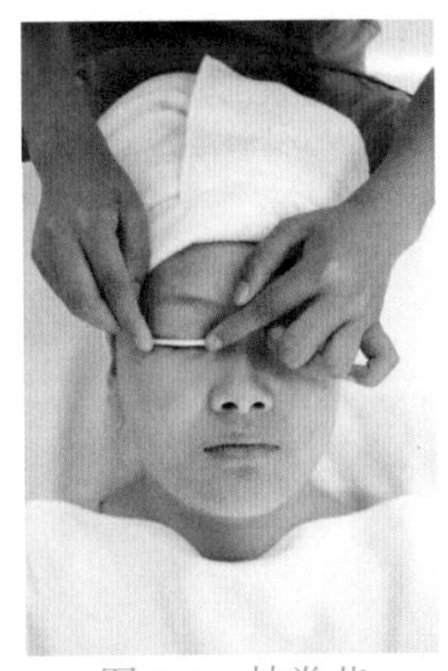
图 6-4　帖卷芯

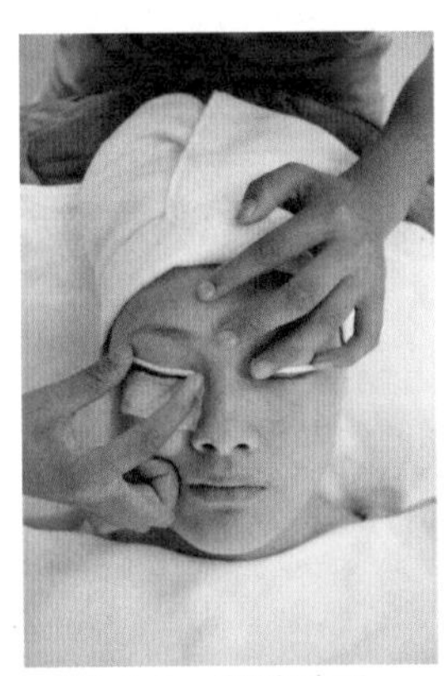
图 6-5　卷贴睫毛

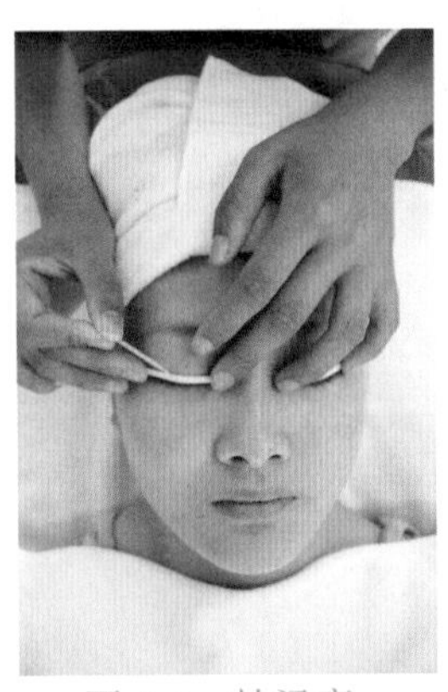
图 6-6　抹烫膏

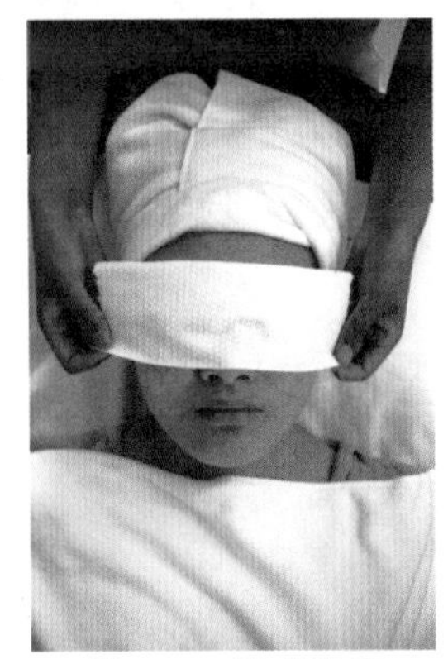
图 6-7　遮盖烫膏

（6）用棉签蘸洗眼水将冷烫膏擦净。

（7）均匀涂抹定型水并覆盖棉片，等待 15 ～20 分钟。

（8）用棉签蘸洗眼水，轻轻将卷芯推下。

（9）清洗眼睫毛。

（10）梳理眼睫毛。

（11）涂睫毛膏。

（四）烫眼睫毛的技术要求与注意事项

（1）眼部红肿或患有其他眼睛疾病者，暂不宜烫眼睫毛。

（2）上卷时，要细心地将睫毛一根根理顺卷于卷芯上。否则，烫过的睫毛会出现杂乱的现象。同时忌将下眼睫毛卷于卷芯上。

（3）烫睫毛的药水，切勿流入顾客眼中。
（4）涂上烫睫毛药水后，应注意看说明书，确定需等待时间的长短。
（5）取卷芯时，不可将顾客睫毛扯掉。

牛刀小试

烫眼睫毛需要注意些什么呢？

项目七　美容院常用仪器

项目引领

在解决顾客皮肤方面的问题时，美容师通常都会寻求仪器的帮助。了解常用仪器的操作常识，能快速有效地帮顾客排忧解难，推荐顾客使用合适的仪器治疗从而达到最好的效果（如图 7-1 所示）。

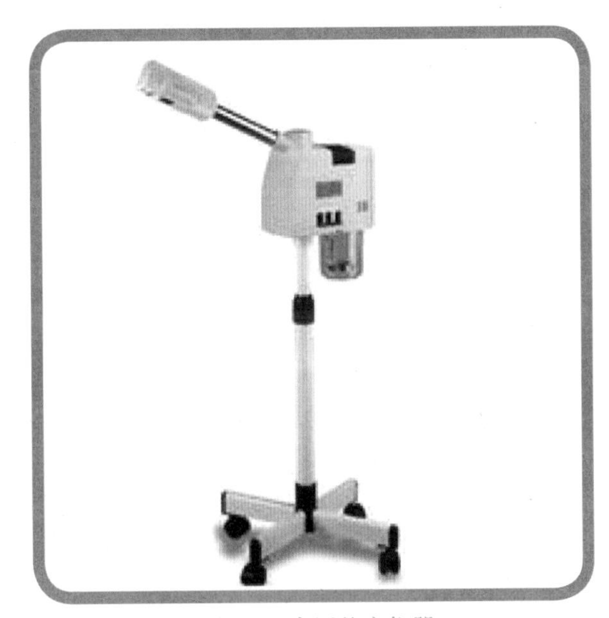

图 7-1　常用美容仪器

项目目标

知识目标：

熟知常用仪器的工作原理、功能作用以及使用注意事项等。

技能目标：

掌握常用仪器的操作使用方法，提高美容师的实际工作能力。

任务一 美容护理常用仪器

任务情景

用仪器开展美容越来越普遍，这不仅仅是一种趋势，而是仪器美容已经具有传统美容所没有的竞争力，在市场上越来越多地取代了传统美容。

任务要求

了解面部美容常用仪器的工作原理、功能作用，熟练掌握它们的操作方法以及使用注意事项。

知识准备

一、皮肤测试仪

（一）皮肤测试仪的工作原理

皮肤测试仪主要由紫光管和放大镜构成，紫光管光谱具有特殊的紫光，是目前鉴别皮肤性质的最佳光。不同的皮肤性质在吸收紫光后，会反映出不同的原色特点。此时再用放大镜加以扩放，从紫光下观察皮肤的不同反应，便能准确地鉴别皮肤性质。皮肤测试仪就是基于不同物质对光的吸收、反射的差异原理及紫光的特点工作的。

（二）皮肤测试仪的应用目的

可以使不同的皮肤显现出不同的颜色，通过观察皮肤的颜色，达到测试皮肤性质的目的，以便于美容护理师采取相应的措施。

（三）操作的步骤与方法

目前较为常用的皮肤测试仪有箱式测试仪和手提式测试仪两种。

1. 箱式测试仪

箱式测试仪一般使用于美容化妆品专柜或美容院咨询处，顾客无须躺在床上即可检测皮肤，操作方便，不受场地限制。操作时顾客将头部探入箱内，闭目，面部与测试仪间隔15～20厘米，美容师坐于顾客的对面，观察测试仪内皮肤的反映，鉴别皮肤。

2. 手提式测试仪

手提式测试仪常用于美容护肤过程中，顾客需躺在床上检测皮肤，具体操作步骤与方法是：

（1）皮肤清洁后，用湿棉片覆盖眼部。

（2）美容师手持皮肤测试仪，灯管朝向顾客，水平面置于被测者面孔。测试仪与面部间距 15～20 厘米。

（3）观察测试仪下皮肤颜色。

（4）确定皮肤性质与问题，测试完毕及时关闭开关，并将测试仪放回原位。

（四）皮肤测试注意事项

（1）测试前必须用湿棉片覆盖被测者眼部。

（2）测试的时间最长不能超过 2 分钟。

（3）掌握好测试仪与被测者面部距离，不能近于 15 厘米。

（4）有色斑的皮肤不宜使用。

二、美容放大镜

（一）美容放大镜的作用及原理

美容放大镜（如图 7-2 所示）是利用凸透镜放大视物的原理来达到美容检测目的的。其作用如下：

（1）便于仔细检查顾客的皮肤情况。

（2）增加皮肤治疗的专业性。

（3）利用放大镜聚光原理，便于查找皮肤的微小瑕疵。

（4）帮助清除面部的黑头、白头粉刺。

（5）帮助鉴别皮肤类型。

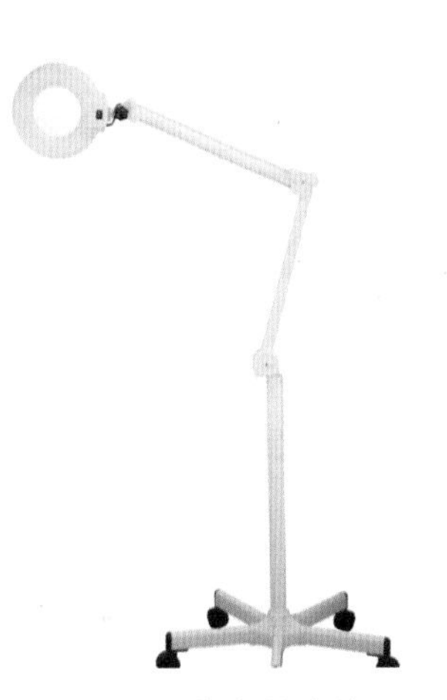

图 7-2　美容放大镜

（二）美容放大镜的使用方法

使用之前美容师应清洁双手，取两块长 8 厘米、宽 4 厘米、厚 3 厘米左右的棉片盖住顾客眼部，根据面部不同区域，将放大镜接近皮肤，逐步观察皮肤纹理、毛孔等情况。

（三）美容放大镜使用注意事项

（1）使用美容放大镜之前应用酒精对其进行消毒。

（2）使用美容放大镜之前必须用棉片盖住顾客眼睛，以免放大镜折射出的光刺伤眼睛。

（3）移动检验时要按步骤顺序进行，以免遗漏，影响诊断及治疗。

（4）轻拿轻放，以免摔碎镜片。

三、喷雾仪

（一）喷雾仪的工作原理

喷雾仪（如图 7-3 所示）一般可分为普通喷雾仪和冷喷仪。

图 7-3　美容喷雾仪

根据皮肤的类型及护理目的不同，对喷雾的效果要求也不同，应临床需要还有中草药喷雾仪，芳香精油喷雾仪等。新一代的喷雾仪还将各种功能结合在一起，使用更为方便。

普通喷雾仪也称奥桑喷雾仪或紫外线光负离子喷雾仪。奥桑（ozone）的英文含义是臭氧。臭氧的产生来源于仪器中高压电弧或电场将空气中的氧气激活转化而成。臭氧的化学性质极不稳定，可分解出氧气和游离态氧（负离子氧），这种游离态氧具有较强的活性，在空气中飘浮时间很短，一遇尘埃便沉淀下来，并有杀菌消毒作用。同时，游离态氧的稳定性弱，容易复合成氧气，并依靠其较强的穿透力进入血液给皮肤增添足够的含氧量，满足皮肤的营养需求。

普通喷雾仪由蒸气发生器和臭氧灯构成。蒸气发生器由玻璃烧杯和电气元件组成，其原理与电水壶相似。当置于烧杯内的电热元件经电流产生热能时，烧杯内的水温逐渐升高，直至沸腾后产生蒸气，从蒸气导管的喷口处喷出雾状气体，这就是普通喷雾。在普通喷雾仪的喷口处装有臭氧灯，工作时对微生物核酸蛋白具有破坏作用，致使细胞发生变质或死亡，具有较强的杀菌消炎效果。普通蒸气在臭氧灯作用下会产生具有杀菌消炎作用的蒸气，这就是臭氧喷雾。

冷喷仪是将普通水通过物理水质软化过滤器，分离出水中的钙、镁等离子，使被过滤的水质变得纯净而无杂质。再经过特殊设计的超声波的震荡，产生出带有大量负氧离子的微细雾粒，使顾客如置身于自然森林之境。20℃的亲肤温度使大量的低温负离子吸附并渗透于皮下，给予皮肤最佳的保湿滋润与休息，充分软化皮肤角质层，打开肌肤的自然屏障，加速皮肤对营养成分和护肤精华的吸收。冷喷仪适合于任何皮肤，尤其是对色斑、痤疮、敏感问题皮肤效果更佳，它具有抑制黑色素细胞生成、淡化色斑、降低皮肤表面温度、收缩毛孔、消炎消肿及抗过敏等功效。

（二）喷雾仪的美容功效

喷雾仪喷出的喷雾均匀柔和地喷射于皮肤上，喷射面约为 40 平方厘米，射程约 60 厘米，其主要功效为：

（1）促进血液循环，暂时补充皮肤表层水分。由于离子化的蒸气含有丰富的氧离子，热蒸气使皮肤温度增高，局部血流加快，供给表皮氧分及水分，起到暂时滋润皮肤表层的作用。

（2）清除皮肤老化角质细胞及污垢。当蒸气喷射到面部时，皮肤的表皮细胞由于蒸气的透入而膨胀软化，大量的蒸气使毛孔扩张，便于清除皮肤老化的角质层及毛囊深处的污垢和沉淀物。

（3）增加皮肤的通透性，利于皮肤吸收。在喷雾过程中，由于毛囊扩大、毛细血管扩张，血管壁、细胞膜的通透性增强，提高了化妆品营养成分的穿透能力和氧离子的吸收率。同时，皮肤较长时间保持湿润状态，也为皮肤吸收面膜中的有效成分创造了有利条件。

（4）促进新陈代谢，利于皮肤排泄。蒸气刺激神经末梢，促进细胞新陈代谢，便于清除分泌过盛的皮脂，使皮肤呼吸排泄通畅。

（5）杀菌消炎，增强皮肤免疫功能。臭氧蒸气可使微生物细胞内的核酸、原浆蛋白酶产生化学变化，致使微生物细胞死亡，使皮肤破损部位和炎症部位得到控制，加快伤口愈合。

（三）喷雾仪的使用方法及步骤

1. 喷雾仪的使用方法（如表 7-1 所示）

表 7-1 喷雾仪的使用方法

皮肤类型及问题	喷口与面部的距离	应用时间
中性皮肤	25 厘米左右	3～5 分钟
油性皮肤	25 厘米左右	5 分钟（臭氧）
混合性皮肤	25 厘米左右	5 分钟
干性皮肤	35 厘米左右	3 分钟
痤疮问题皮肤	25 厘米左右	8 分钟（臭氧）或 20 分钟（冷喷）
敏感问题皮肤	25 厘米左右	20 分钟（冷喷）
色斑问题皮肤	35 厘米左右	8 分钟
老化问题皮肤	35 厘米左右	3 分钟（臭氧）
毛细血管扩张问题皮肤	25 厘米左右	20 分钟（冷喷）

2. 喷雾仪的使用步骤

（1）将蒸馏水（或纯净水）注入玻璃烧杯至红色标准线下，没有红色标准线的则注入烧杯的 4/5 或 2/3，注入的最低水位要高于电热元件。蒸馏水（或纯净水）含杂质较少，可使热水系统减少结碱，从而延长仪器的使用寿命。

（2）按下开关，接通电源。接通电源 5 ～ 6 分钟后有雾状气体产生，即为普通蒸气。普通蒸气产生后，如需要消炎、消毒，再按下臭氧蒸气开关。

（3）待蒸气均匀喷出后，再将仪器移至顾客面部，进行蒸面。

（4）调整喷雾仪喷口与顾客面部的间距，喷雾应从顾客头部的上方向颈部方向喷射，其间距根据皮肤性质而定。喷雾时，美容师不得离开顾客，并应用手随时感觉喷雾的温度。针对不同皮肤类型，喷雾仪应用的时间和距离应有所区别。

（5）使用完毕后，先关臭氧蒸气开关，再切断电源。

（四）喷雾仪使用注意事项

（1）应因人而异调好喷口与面部的角度，避免喷出的蒸气直射鼻孔，令人呼吸不畅，产生闷的感觉。

（2）依皮肤性质掌握好喷雾时间，最长不能超过 15 分钟，以免皮肤出现脱水现象。冷喷可以在 20 分钟左右，冬季时间可稍长一些，夏天时间则应短一些。

（3）皮肤有色斑、敏感及毛细血管扩张问题时，不宜使用臭氧蒸气，以免引起过敏或使问题加重。

（4）在喷雾过程中，应随时注意观察喷雾状况，容器内的水量一定不能超过水位警戒线，以免产生喷水现象造成烫伤等事故。假如仪器发出“咯咯”声或喷出水来，可能表示仪器内注入了太多的水，应断开电源，倒出一部分水。

（5）为了能够让顾客舒适地享受服务，应叮嘱顾客全身放松，微闭双眼，以免因蒸气进入眼结膜而引起水肿，导致短暂的视力模糊现象。

（五）喷雾仪的日常养护

（1）喷雾仪应使用蒸馏水，每周清洗两次玻璃烧杯。

（2）使用时最低水位要高于电热元件，连续使用需加水时，先关闭电源后再加水使用。有的喷雾仪在水量消耗到一定量时会自动断电，若无此自动装置，使用时须每天检查几次水位，以免造成损坏。

（3）若喷口产生突然喷水现象，可能是由于水中杂质将喷口堵塞，使蒸气不能顺畅排出所致，从而形成水珠喷出。此时，首先要更换烧杯内的蒸馏水，再用纱布擦拭喷口，消除污垢。如果杂质来源于水垢，用软质金属线蘸清水轻轻刷洗，或将电热器浸泡于白醋水溶液（白醋：水 =6：4）中，24 小时后用毛刷轻轻刷洗。

（4）蒸气四散而不集中时，可能是由于烧杯口上的橡胶软垫老化，使烧杯口处封闭不严，导致蒸气无法集中，影响喷雾效果。解决办法是更换老化的烧杯口上的橡胶软垫，并在使用时将杯子旋紧。

（5）每天用干布擦拭仪器，用毕及时关闭开关、切断电源。

四、超声波美容仪

超声波美容仪（如图 7-4 所示）是一种利用超出人类正常听觉范围的声波作用于人体肌肤的美容仪器。

物体进行机械性振动时，空气中产生疏密的弹性波，到达耳内成为声音。一般来说，正常人听觉能感知到的声波振动频率为 16～20000 赫兹，当超过 20000 赫兹时，则不能引起正常人的听觉反应，这种机械振动波即为超声波。超声波美容仪即是利用超声波的物理性能作用于人体，达到美容治疗的目的。

图 7-4　超声波美容仪

一般超声波美容仪的输出波包括连续波和脉冲波两种（或两种以上）。连续波，即超声射束不间断地发射，强度始终不变，这种波形声波均匀，热效应明显。脉冲波，即超声射束有规律地间断发射，每个脉冲持续时间很短，其特点是减少声波产生的热效应。

（一）超声波美容仪的工作原理

超声波是一种由特殊仪器发射的疏密交替、可向周围介质传播的波形。它有比一般声波更强大的能量。超声波具有频率高、方向性好、穿透能力强、张力大等特点，它传播到物质中会产生剧烈的强迫振动，并产生定向力和热能。超声波作用于人体皮肤时，会加强皮肤的血液循环，促进皮肤的新陈代谢，改善皮肤细胞膜的通透性。

（二）超声波美容仪的主要作用

1. 机械作用

超声波作用于人体时，其组织间隙增大，从而增强细胞膜的新陈代谢功能及通透性，有利于营养物质分子渗入，同时还会使细胞内部成分含量发生改变，引起细胞功能的变化。

超声波还可以改善血液与淋巴循环，提高组织的再生能力，软化组织。

2. 温热作用

当超声波传入皮肤后，组织细胞间的振动摩擦使机械能变成热能，这种热能是一种皮肤无感觉的内生热，从而促使血液循环加快，细胞吞噬作用增强，新陈代谢功能加强，提高机体的防御能力，加速炎症消失，同时使神经兴奋性降低，并具有镇痛解痉作用。

3. 理化作用

超声波的理化作用主要表现在聚合反应和解聚反应。聚合反应是将许多相同或相似的分子合成为一个较大分子的过程，超声波可促进细胞内蛋白复合物的生长过程，对受损部位组织的再生具有刺激作用。解聚反应是使大分子的分子量减少，黏度降低的过程，在超声波的作用下，药物或化妆品黏度暂时下降，有利于药物的渗入和组织对药物的吸收，增强药物疗效。

（三）超声波美容仪的美容功效

超声波美容仪利用超声波的物理性能可以促进药物或化妆品中的有效物质分子通过皮肤传递到皮下组织，从而达到双重治疗效果。

超声波美容仪的美容功效有：

（1）软化血栓，改善毛细血管扩张现象。

（2）改善痤疮及愈合疤痕。

（3）消除皮肤色素异常，如外伤后的皮肤色素沉着，化学剥脱、激光治疗后的色素沉着。

（4）分化色素，淡化皮下斑，如黄褐斑、晒斑。

（5）防皱，除皱，去淤，活血。

（6）改善眼袋和黑眼圈。

（7）改善皮肤硬化症。

（8）改善皮肤质地，帮助药物或护肤品的吸收。

（四）超声波美容仪的使用方法

（1）根据使用部位及面积的大小选择声头并消毒。面积小的部位如眼部用小声头，声波强度调至低挡，一般为0.5～0.75瓦/厘米²；面积大的部位用大声头，声波强度调至高挡，一般为0.75～1瓦/厘米²。面部的时间为5～15分钟，眼部的时间为5分钟左右。

（2）打开电源开关，预热3分钟。如果是全自动型超声波美容仪，则只需等仪器自检完毕发出蜂鸣提示后，根据需要设置操作模式。

（3）根据皮肤类型及状况，选择适合的介质（药物或护肤品），最好是胶状或膏霜状的，涂在清洁后的皮肤上。

（4）操作时美容师手持声头要稳，手腕不要移动，主要靠手臂带动，力度均匀，移动速度应缓慢，顺肌肉纹理呈螺旋形或“之”字形移动，走向：右脸颊→下颌→左脸颊→额头。较小的声头可用于下眼睑，紧贴皮肤，由外眼角到内眼角做打圈动作，类似下眼睑按摩动作。

（5）使用完毕后，及时关掉电源开关；清洁声头并做必要的消毒工作。不要马上清洗皮肤，让药物保留10分钟左右，使其充分渗透。

（五）超声波美容仪使用注意事项及日常养护

（1）做超声波护理前必须清洁面部，涂上足够的膏霜或药物，以防皮肤受损，禁止声头直接作用于皮肤。

（2）由于超声波的传播方式是直线传播，因此，操作时应注意使声头平面紧贴皮肤，轻柔地不断移动声头。

（3）操作时，严禁将正在使用的声头直接对着顾客的眼睛，以免伤害眼球。

（4）整个超声波护理最长时间不得超过15分钟，根据皮肤厚薄调整声波输出强度。仪器连续使用时间不要过长，每一疗程结束时，应按下暂停键，休息片刻。

（5）声头使用后，须清洁消毒，以免交叉感染，将声头擦干保存，以免产生细菌和水渍。

五、真空吸喷仪

（一）真空吸喷仪的工作原理

真空吸喷仪主要由真空泵和电磁阀构成。真空吸喷仪包括真空吸啜和冷喷两部分，仪器工作时产生一串脉冲，其周期由电位器调节，脉冲经二级放大后，由3BG2集电极节电磁阀3DF输出，正脉冲时电极有输出，使电磁阀移动，气流通过。负脉冲时电极无输出，电磁阀复位，气流截止，由此而产生真空吸喷。用于吸喷工作时，气泵工作产生负压，使软管内形成真空，从而吸出污垢和喷洒收缩水。电磁阀吸动周期由周期电位器控制。电磁阀的动作力度旋钮是调节气流大小的机械旋钮，可根据不同的需要调整吸力的大小。

（二）真空吸喷仪的功能

（1）清除毛孔深层污垢及皮脂，使皮肤呼吸正常，刺激纤维组织，增强皮肤弹性。

（2）促进局部血液循环，将血液引向表皮，供给表皮营养，促进淋巴液循环，排出皮肤内有害毒素。

（3）冷喷可以刺激扩张毛孔，使其得到收敛。

（三）真空吸喷仪的操作步骤与方法

（1）将消毒后的玻璃吸管套入软管。

（2）按下开关在手背上试吸力的强弱，调整力度旋钮。

（3）吸啜。

吸啜有三种操作方法：间断吸啜、连续吸啜和强力吸啜。用于油性皮肤、粗厚的皮肤时吸力强些；用于干性皮肤、敏感皮肤、衰老性皮肤时吸力弱些。

① 间断吸啜：这种方法吸力弱，应用于细嫩和松弛较薄的皮肤。操作时拇指和食指指腹捏住玻璃吸管，将管口对着皮肤，中指在玻璃吸管的透气孔上频繁地有节奏地闭放，形成间断吸啜效果。持玻璃吸管的手移动要快，吸放频率快而有节奏。

② 连续吸啜：这种方法适用于油脂较多、皮肤较厚的部位。捏住玻璃吸管的方法与间断吸啜方法一样，中指闭住吸管透气孔随吸管移动到边缘时再放松透气，这样吸啜力较强。

③ 强力吸啜：这种方法用于油脂特多部位。闭住透气孔的中指始终不放手，管口对着多脂部位一吸一拔，吸啜力度很强，常用于鼻尖、鼻翼有黑头粉刺的部位，效果十分明显。

（四）真空吸喷仪操作注意事项

（1）吸管移动要快，不能在一个部位过长时间地吸啜。

（2）根据顾客的皮肤性质调整吸力的强弱，可先在手背上试吸力后再用于面部皮肤。

（3）配合蒸汽焗面做吸啜，双手要密切配合。

（4）眼周皮肤薄不可做真空吸啜。

（5）做冷喷时要由额头处向下颏方向喷。

六、高频电疗仪

（一）高频电疗仪的结构与工作原理

高频电疗仪主要由高频震荡电路板和少量的电容电阻及半导体器件构成。配件有可插入玻璃电极的绝缘把手及玻璃电极，把手内置有升变压器。把手的一侧有与电路输出通过的软线。当连接把手的软线与仪器接通后，按下开关在高频震荡电路板的作用下，产生断续的高压高频电流，这种高频电流可使玻璃电极产生放电现象，玻璃电极内冲有氦气或氖气，发出蓝色或粉红色的光线，同时发出“吱吱”的声音，使人体局部的末梢血管交替出现收缩与扩张，使空气中的氧气电离而产生臭氧，从而起到改善血液循环和杀菌消炎的作用。

（二）高频电疗仪的功能

（1）促进血液循环，增强淋巴腺的活动，供给表皮营养，排除有害物质。

（2）增进细胞新陈代谢，帮助皮肤呼吸和排泄。

（3）在纤维组织上产生热效应，增强细胞通透性，帮助溶剂渗透皮肤。

（4）杀菌消炎，加快伤口愈合，增强皮肤免疫功能。

（三）高频电疗仪的操作步骤与方法

1. 间接电疗

（1）将消毒后的玻璃电极插进塑胶电极棒旋紧。

（2）顾客手沾滑石粉握住玻璃电极，按下开关使电流经过手部通向身体。

（3）美容师以安抚式手法按摩，由颈部至下颏、面颊和额头。

（4）将电流强度调至零位，关闭开关，取下玻璃电极。

这种方法具有刺激纤维组织，保持和恢复皮肤弹性的作用。适用于干性皮肤和衰老性皮肤。

2. 直接电疗

（1）将溶解皮脂的精华素或面霜涂敷于皮肤上，美容师手持电极棒，将玻璃电极置于顾客额上，按下开关。

（2）电极在面部螺旋式或“之”字形按摩，按额头—鼻梁—鼻翼右面颊—下颏—左面颊—鼻翼—鼻梁—额头的顺序按摩面部。

（3）将电流强度回零，关闭开关，取下玻璃电极。

这种方法可加强有效成分的充分渗透，溶解皮脂。适用于油性皮肤。

3. 火花电疗

（1）用湿消毒棉片盖住顾客眼部，美容师手持电极棒按下开关，调整电流强度，进行点状接触，点击炎症部位，一个部位一次性最长照射 10 秒。

（2）玻璃电极与皮肤接触时，电极与皮肤间会产生一连串火花，略有针刺感属于正常现象。

（3）将电流强度回零，关闭开关，取下玻璃电极。

这种方法具有较强的杀菌效果，使伤口加快愈合。适用于暗疮发炎皮肤和创面皮肤。

（四）高频电疗仪的使用禁忌

（1）对于细嫩的皮肤进行火花治疗时应用薄纱覆盖皮肤，使电流经过薄纱渗透皮肤，减少电流对皮肤的刺激。

（2）体内有金属架者及孕妇禁止使用。

（3）使用前必须先安装好玻璃电极再按下开关，电流从弱调到强，用毕电流强度回零。

（4）操作前应用湿棉片覆盖顾客眼部或请顾客闭上眼睛，电极一个部位一次性时间不得超出 10 秒。

（5）雀斑和色斑皮肤不宜使用此仪器。

七、阴阳电离子仪

（一）阴阳电离子仪的结构与工作原理

阴阳电离子仪（如图 7-5 所示）是一种流动电美容仪，主要由整流器，滤波稳压器及金属电极构成。其构造原理基于电子的同性相斥，异性相吸规律。当美容用品以溶解状态涂于皮肤时，可分解出离子，在直流电场的作用下，离子会做定向移动，阳离子从阳极端向阴极端方向移动，阴离子从阴极端向阳极端方向移动，药物离子或精华素透入皮肤内，在局部形成离子堆，皮肤局部药物吸收浓度比口服药物浓度高出数倍，使其达到相应的效果。

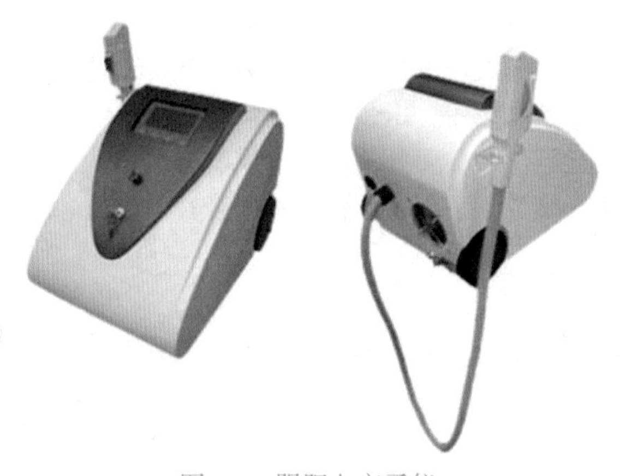

图 7-5　阴阳电离子仪

阴阳电离子仪是利用金属电极与导药钳将电流通过人体而发挥作用的，仪器上正极处于工作状态时，顾客手握的电极为阳极，人体为正电位，可使营养充分吸收，仪器使用呈导入状态。将旋钮调向负极，负极处于工作状态时，顾客手握的电极为阴极，人体为负电位，可将体内有害物质、金属离子等排出体外，仪器使用呈导出状态。

（二）阴阳电离子仪的功能

（1）减少皮肤内沉积的金属离子。外界的有害物质及使用的有色化妆品中的一些金属离子成分，通过角质细胞和毛囊透入皮肤，在皮肤内沉积，形成色素，并使皮肤粗糙老化。一般的美容护理难以排出这些有害物质。阴阳电离子仪可以将金属离子导出体外。

（2）补充皮肤营养。随着年龄的增长，自身的分泌难以达到皮肤的需求，皮肤越来越需要补充大量的营养，但皮肤的吸收功能却达不到其所需要的量，而阴阳电离子仪可将营养成分导入皮肤。

（3）正电极产生酸性反应，降低神经兴奋剂，减少血液供应，强健纤维组织，收缩毛孔，减少红痕，将酸性物质带进皮肤。

（4）负电极产生酸性反应，刺激神经，增强血液循环，软化纤维组织，增强皮肤弹性。

（5）溶解皮肤中积聚过多的皮脂，将杂质导出体外。

（6）加强细胞的通透，将不易渗透的营养物质导出皮肤深层，使皮肤的深层得到护理。

（三）阴阳电离子仪的操作步骤与方法

1. 导出

（1）请顾客握好电极棒。

（2）将浸透生理盐水的棉片缠绕在导药钳上，将导药钳置于顾客额部，旋钮调至负电位，按下开关，调整电流强度。

（3）导药钳在皮肤上以“之”字形或螺旋形移动，导药钳始终不离开皮肤，整个过程3～5分钟。

（4）导出完毕调整电流回零，关闭开关，导药钳从皮肤上离开并取下棉片。

2. 导入

导出后用湿棉片擦拭皮肤后再进行导入程序。

（1）将精华素的二分之一涂于皮肤，尤其是重点部位，其余的精华素浸透棉片缠绕在导药钳上。

（2）将导药钳置于客人额部，电极旋钮调至正电位，按下开关，调整电流强度。

（3）导药钳在皮肤上以“之”字形或螺旋形移动，导药钳始终不离开皮肤，整个过程3～5分钟。

（4）导入完毕调整电流回零，关闭开关。将导药钳取下，收回顾客手中的电极。

（四）阴阳电离子仪的使用禁忌

（1）心脏病患者，体内有金属架者及孕妇禁止使用。

（2）导药钳应用棉片缠紧，电流从弱调至强，使顾客逐渐适应。

（3）操作时顾客将金属饰物取下，导药钳在皮肤上不停移动，移动要缓慢。

八、微波电脑美容仪

（一）微波电脑美容仪的工作原理

微波电脑美容仪（如图 7-6 所示）是一种通过电脑微波作用于人体，补充人体生物电能，激活细胞，恢复细胞，恢复肌肤弹性，从而达到延缓人体衰老的美容仪器。

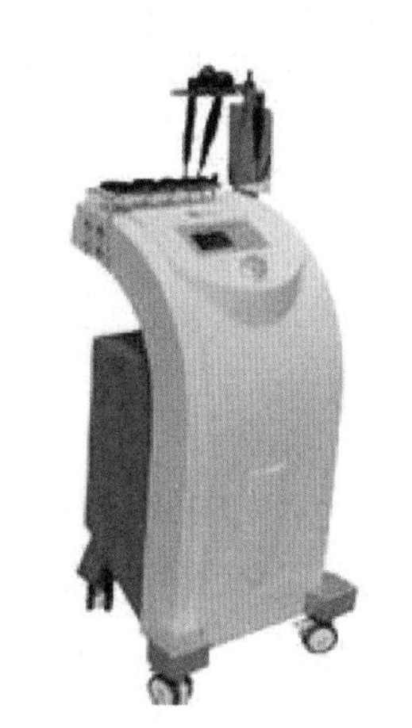

图 7-6　微波电脑美容仪

（二）微波电脑美容仪的功能

（1）具有模仿人体电能而产生电流，促进肌肉运动，恢复弹性的功能。

（2）加速微细血管的血液循环，增强细胞通透性，使养分有效地供给肌肉组织和皮肤。

（3）微电流可产生电离子渗透，补充肌肤水分，使皮肤滋润、光滑、恢复弹性。

（4）微波电脑美容仪使电力刺激深入皮下胶质组织至肌肉，帮助皮肤修复弹性纤维及胶质组织，舒展皱纹。

（三）微波电脑美容仪的操作步骤与方法

1. 准备程序

（1）做微波电脑美容前要先清洁皮肤，并将皮肤状态与问题作相应的记录。

（2）取适量清水倒入器皿中备用，将纸芯棉签放于仪器的探针内。

2. 操作步骤

微波电脑美容仪有 4 个波形，分为柔和波，微柔和波，脉波和方波。用柔和波、微柔和波时体表没有感觉，但是渗透力强，作用于肌肤深层，用脉波和方波时相对有些刺激，作用于浅表层。

（1）接通电源，打开仪器。

（2）确定使用的波形，调整频率与微电流。

（3）美容师两手各持一边探针手柄，探针蘸清水在皮肤上由肌肉上端向肌肉起始方向移动运作（要求：美容师须了解面部肌肉的纹理走向）。

（4）关闭电源，清洁皮肤。

（5）根据皮肤需要做面膜。

微波电脑美容应连续做，每个疗程 12 次，隔 1 天做 1 次。

3. 操作的 6 种方法

（1）双向按位：两边的探针在同一起点按压，同时向两边移动。这种方法用于眉间横向、眉间斜向、下颏纵向、额部纵向、眉部横向、眼角纵向。按拉的力度视皮肤薄厚而定，皮肤厚力度大些，皮肤薄力度小些，按拉时探针移动要慢，使其均匀渗透，探针到位后停留 10 秒。

（2）单向按位：两边的探针按压同一部位后，一边探针在原位不动，一边探针向前移动，这种方法用于下颏横斜向，唇边到鼻梁的弧线形，下眼袋的外眼角向内眼角，上眼皮的外眼角向内眼角，额纵向。

（3）双向挤压：两边探针从两侧将肌肉向中间用力，这种方法用于面颊斜向、眉肌、颈部横向，做这个动作时力度要均匀，每次夹住肌肉的动作要停留 10 秒。

（4）单向挤压：一边探针压住皮肤起定位作用，另一边探针将皮肤推向定位点，再将皮肤夹住挤压，这种方法用于鼻唇间横向，面颊斜向，面颊与眼袋纵向，外眼角与发迹斜向，操作时要求挤压力度均匀、有适当深度，每个动作停留 10 秒。

（5）双向拨：两边探针同时起步于同一部位，同时向两边轻拨皮肤，动作要均匀协调，有节奏有韵律。操作时用腕力摆动。这种方法用于下颏横向，眉间横向，鼻唇沟斜向，颈横向。

（6）单向拨：一边探针轻按皮肤起定点作用，另一边探针从定点处向外轻拨，动作要均匀协调，有节奏有韵律。这种方法用于额纵向，眼角、上眼皮纵向，眼袋纵向，面颊斜向，下颏横向，颈部纵向及颈部横向。微波电脑美容探针的刺激与否不反映能量与效果。敏感皮肤可能略有感觉，粗厚的皮肤基本上没有感觉。

（四）微波电脑美容仪的操作注意事项

（1）破损皮肤、暗疮发炎的皮肤不宜做微波电脑美容。

（2）前 4 组动作探针的移动要慢，要有一定的力度，后两组动作探针移动要快而有节奏，轻而不浮。

（3）探针内必须使用纸芯棉签，并保证用于皮肤上的棉签水分充足。

牛刀小试

想一想，你能说得出每一种常用的面部美容仪的功能吗?

项目八 美 甲

项目引领

美甲是一个新兴行业，也是一个发展迅速的行业。从20世纪50年代彩色指甲油上市以来，美甲迅速风靡全球。如今，美甲已不仅仅是一种时尚，而且演变成为一种艺术，技术不断翻新进步，给更多的时尚人士带来更强烈的视觉感受（如图8-1所示）。

图8-1 美甲效果图

项目目标

知识目标：

1. 了解美甲师基本礼仪。
2. 了解美甲的基础知识及护理常识。

技能目标：

1. 了解美甲工具及使用技巧。
2. 熟练掌握水晶甲、光疗甲等美甲知识。

任务一 美甲师基本礼仪

任务情景

服务行业有一句经典的话语：顾客是上帝。作为美甲师，要想第一时间抓住顾客的心，给“上帝”服务好，必须要具备基本的礼貌礼仪知识。

任务要求

了解美甲师职业道德及服务礼仪要求。

知识准备

一、美甲简史

美甲（Manicure）一词来源于拉丁语，由拉丁语中的手（Manus）和护理（Cure）两个词组成。

在国外，最早的美甲始于公元前30世纪以前，古埃及人不论男女，都将指甲染成红褐色，国王、女王等地位高的人将指甲染成大红色，以显示其高贵的身份和地位，身份越低的人所用的红色越淡。到了中世纪，欧洲出现了专门磨指甲的匠人，随后美甲伴随着化妆、服装从巴黎向世界各地流传。

在中国，唐代以前就有了染指甲技术。人们采集凤仙花然后加入明矾捣碎，将丝绵制成指甲状的薄片，浸入花汁，然后放在指甲表面，连续浸染3～5次，据说其染色可保持数月不退。明清时期宫中流行长指甲，并用金护指、玉指等来保护长长的指甲，同时增加指甲的长度，以显示其尊贵的地位。

20世纪30年代，美国制造出化学树脂指甲油，不但使用方便，而且其光泽度、持久性、色彩都远远优于天然树脂染料。20世纪50年代，彩色的指甲油大量上市；人工亚克力指甲也同时问世，它不仅可以加长指甲，还能使指甲更牢固。从此，美甲开始在世界各地广为传播。

随着美甲艺术的不断发展，它带给人们的不仅仅是美丽和时尚，更是保养手和指甲健康、卫生的生活方式。

二、美甲师的职业道德及行为规范

道德是一种社会意识形态，强调是与非的观念。职业道德指从事一定职业的人在工作或劳动过程中，所应遵循的与其特定的职业活动相适应的道德原则和规范的总和。

美甲师要树立“干一行、爱一行、专一行”的思想。认清自我价值，热爱本职工作。

美甲融合了文化及艺术的精华，具有很强的生命力及延展性，作为一名美甲师，不能只把从事美甲行业当成是谋生的手段，而应理解为对美的推广和艺术文化的升华，其工作才会更加展示个性而富有创造力。

业精于勤，勤奋努力、刻苦钻研，不断学习和吸取新的知识和技术。美甲师要学会博各家所长，而集于一身，勇于推陈出新，不断创造进取，成为行业标兵。

持之以恒，贵在坚持。美甲行业是一片待开发的处女地。美甲师应该具有远大的理想和抱负，不断学习，更新技术，提高综合素质。

美甲师职业道德要求

遵纪守法	敬业爱岗	礼貌待客	热忱服务	认真负责
团结协作	诚信公平	实事求是	努力学习	刻苦钻研

“一天可以产生暴发户，十年难以造就贵族”，切不能将美甲师的职业道德片面理解为机械的规定。动作可以模仿，品质和素养则需要从思想修养、文化素质、技能素质、心理素质等各方面综合培养，这样才能塑造出美甲师的形象。

三、美甲师的礼仪规范

（一）礼仪

礼仪包括礼貌、礼节、仪表、仪式。“礼”是指以一定的社会道德观念和风俗习惯为基础，大家共同遵守的行为准则。“仪”则是指人们的容貌举止、神态服饰和按照礼节进行的仪式。

讲究仪表：包括举止、仪容、服饰、风度等。美甲师的仪表应该端庄大方、温文尔雅、不矫揉造作、不轻浮放肆、不卑不亢、文质彬彬、服饰整洁、行为端正。

讲究卫生：讲究卫生是社会公德、礼貌修养的基础内容。注意个人卫生是对他人的尊重，也是自身修养的体现，营造良好的交际环境和生活环境是公民的义务。美甲师应成为讲究卫生的楷模，用自身良好的卫生习惯来营造美甲店的优美环境。

和气待人：“和气生财”，只有心平气和，才能善待客人。一个有修养的美甲师会把客人放在重要位置，使客人有宾至如归的感觉，尤其对老幼顾客要热情接待，根据他们的要求给予特别服务。

遵时守信：美甲师在服务中应该恪守“信誉”二字。与客人预约，要提前做好准备，迎接客人，失约或失信是对他人最大的不尊重，也是对自身人格的轻蔑。

遵守秩序：“没有规矩不成方圆”每一个美甲店都应该有自己的良好秩序。美甲师应该维护净、静、亲、馨的良好秩序和氛围，工作有条不紊，不能我行我素。顾客在你的带领下，也会自觉维护秩序，在良好的氛围中达到最佳的服务效果。

（二）美甲师的礼仪规范

站姿：表情自然、双目平视、闭嘴、颈部挺直、微收下颌、挺胸、直腰、收腹、臀部肌肉上提、两臂自然下垂、双肩放松稍向后，女子双腿并拢。

坐姿：上体保持站立时的姿势，双膝靠拢，两腿不分开或稍分开。

走姿：身体挺直，不可左右晃动、摆动、歪脖、斜肩，步伐轻稳灵活。

服饰：要符合职业特点，可以配胸针、领花、发卡、手链，不宜戴过分坠重及夸张的饰品，化妆应清雅、发型简洁。

（三）美甲师的语言规范

语音、语调：悦耳的声音、文雅的言辞技巧会使顾客产生亲切感和信任感。文字不能表达的友善情感，需要悦耳的声音配合，悦耳流利的语言配合语调可以展现个性和心理状况，可以辨别出情感，单调的声音既枯燥又索然无味。美甲师的语音应该柔和、悦耳、亲切、热情、真挚、友善、柔顺，展示出善解人意的情感。

说话的主题与原则：了解顾客的心理，探其所需、供其所求，选择最佳的谈话主题。美甲师应博览群书，具有丰富的知识和内涵。

谈话原则：

（1）主动打开话题，少说多听、不争论，始终保持愉快的心情。

（2）不谈私事，谈理想。

（3）不背后议论人，不评论同事手艺。

（4）做顾客的心理咨询师，鼓励顾客多谈自己，耐心倾听，给予理性建议。

谈话技巧：

（1）目不斜视。与顾客谈话时，应两眼平视对方，面带微笑，切不可东张西望，顾客会因为一些小动作，认为你没有诚意或在撒谎，重视对方是亲切的表现。“目不斜视”并不是“目不转睛”否则顾客会十分紧张而不自然。

（2）心理暗示。在美甲服务过程中，美甲师应该诱导顾客全身放松，处于休息状态，使她得到最舒适完美的服务。美甲师的语调应该低沉和蔼，亲切地告诉顾客“全身心的放松，美甲服务效果最好”。

（3）赞美。给顾客好心情，赞美是敲开顾客心扉最直接的钥匙。“见人减岁，逢物加价”，虚荣心是人类的共性，要让顾客高兴而来满意而去。不能批评顾客与之发生争执。

（四）避免非职业举止

（1）议论顾客、同事、领导的个人隐私。

（2）工作台上杂乱无章、摆放食品、饰物等非专业用品。

（3）工作时间大声喧哗、言语粗俗、口嚼食物或吸烟。

（4）工作闲暇时串岗、睡觉、无精打采。

（5）选择自己喜欢的音乐、电视大声播放。

（6）与顾客、同事、领导发生分歧时，大声指责，影响企业形象。

牛刀小试

美甲师如何提高自己的职业道德?

任务二　美甲基础知识

任务情景

人们常说手是女人的第二张脸，可见纤纤玉手对女人的重要性。当你带着清新的妆容，穿着时尚的服装，一举手，忽然发现指甲黯淡无光，整体的美就要打折扣。美甲是组成完美形象的重要部分，是时候为你的指甲添上色彩，寻找属于指尖的浪漫了（如图 8-2 所示）。

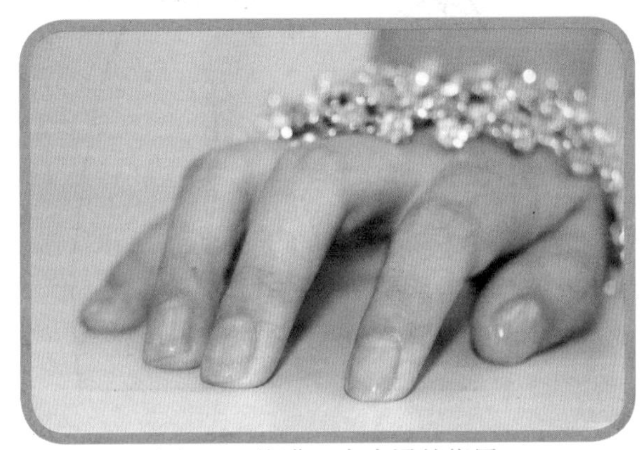

图 8-2　饱满、有光泽的指甲

任务要求

了解指甲的结构，并能为顾客修剪适合的甲形。

知识准备

一、指甲结构图析

健康的指甲应该是光滑、亮泽、圆润饱满、呈粉红色，指甲每个月生长 3 毫米左右，新陈代谢周期为半年。指甲的生长速度随季节发生变化，一般夏季生长速度较快，冬季较缓慢。

如图 8-3 所示，指甲主要由三大部分组成：指甲尖（指甲前缘）；甲盖（甲体）；甲根甲基。

（1）指甲尖——也叫指甲前缘，是指甲面从甲床分离的部分，由于下方没有支撑，缺乏水分及油分，所以容易裂开。

（2）指甲体——也叫甲盖，一般称“指甲”部分，是由位于指甲根部的甲母构成。

（3）指甲沟——即指甲的外框，如果太干燥，便容易长出肉刺。

（4）甲弧影——也叫半月区，是位于指甲根部白色如半月形的地方。

（5）指甲床——支撑指甲皮肤的组织，与指甲紧密相连，供给指甲水分，下方密布血管，使指甲呈粉红色。

（6）指甲根——位于指甲根部，在甲基的前面，极为薄软，其作用类似农作物的根茎。

（7）甲床表皮——即“软皮”，其功能在于保护柔软的指甲。

（8）甲基——位于指甲根部，含有毛细血管，淋巴管和神经，其作用类似于土壤。甲基是指甲生长的源泉，甲基受损时，使指甲停止生长或畸形生长。

（9）游离缘——也叫微笑线，甲体与甲床游离的边缘线。

（10）指芯——指甲尖下的薄层皮肤。

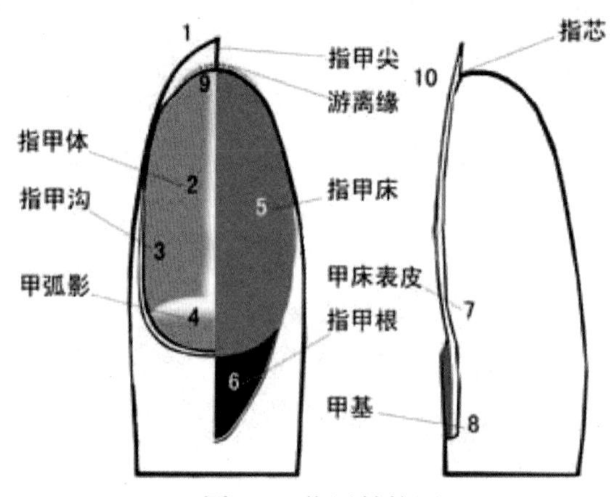

图 8-3　指甲结构图

二、指甲的颜色与健康

什么是健康的指甲？健康的指甲颜色均匀，呈淡粉红色，表面光滑，有光泽，甲质坚韧，厚薄适中，软硬适度，不易折断。半月区是判断身体是否健康的重要标志，一般情况下，健康人的半月区应该位于各指中央，无大的偏移，半月区占指甲的1/5被视为身体状况健康。

指甲与人体的脏腑有直接的联系，能够充分反映人体生理及病理的变化。指甲的颜色能够反映一个人的健康状况和潜在的健康危机。

指甲的生长情况和形态随时都会受机体变化的影响。指甲的变化也直接或间接反映着人的身体状况。掌握并学会观察指甲，就能为自己的身体做定期的体检（如图 8-4 所示）。

图 8-4　健康指甲

三、甲形的选择

要做美甲，首先要选择一种适合顾客的甲油颜色，并修剪一种适合顾客的指甲形状（如图 8-5 所示）。选对甲形，才能为顾客指尖的美丽增添一份光彩。

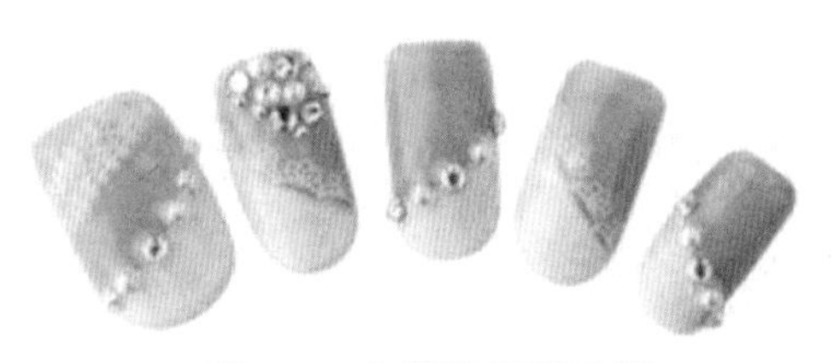

图 8-5　方圆形指甲示例

1. 椭圆形指甲

椭圆形是传统的东方甲形，从指甲游离缘到指甲前端的轮廓呈椭圆形，适合手掌及手指都很圆滑的女孩。

2. 圆形指甲

圆形是非常挑手形的指甲形状，一般适合手指修长的人。

3. 方形指甲

方形指甲极具个性和时尚感，具有拉长手形的效果，可以使整个手部的视觉效果更加统一协调。

4. 方圆形指甲

方圆形的指甲是在方形指甲的基础上将有棱角的地方修剪呈圆弧形轮廓。这种形状会给人柔和的感觉，可以弥补骨节明显、手指过于瘦长的缺点。

5. 尖形指甲

尖形指甲由于指甲尖面积小，易断裂，而亚洲人的指甲较薄，不适合修成尖形。但如果是上舞台表演或是参加晚会可以考虑尖形指甲，可以增加时尚感，吸引眼球。

任务三　美甲的工具和产品

任务情景

随着美甲行业的发展，美甲工具越来越专业，品种也越来越繁多。不同的美甲工具可在美甲过程中配合使用（如图 8-6 所示）。“工欲善其事，必先利其器”，了解各种美甲必备用品，并学会怎样正确地使用它们，这是美甲的开始。

图 8-6　各类美甲工具

任务要求

知道各种美甲工具的用途，并能熟练使用。

知识准备

美甲工具和产品种类繁多，品牌纷杂，想要做出漂亮的指甲，就需要了解和掌握他们的特点及使用方法。

一、修剪工具

美甲的第一步就是修剪指甲的形状，一般的修剪工具包括指甲刀、小剪刀、死皮剪、死皮推、钢推、刮脚刀等。

1. 指甲刀

指甲刀用于剪短指甲，分为中号、大号、斜口、长柄等种类。通过对指甲的修剪，让甲形更加优美，长度更加合适（如图 8-7 所示）。

2. 小剪刀

小剪刀用于修剪指甲周围经常出现的边缘肉，也常常在美甲过程中用于对锡箔纸、棉片等的修剪（如图 8-8 所示）。

3. 死皮剪

死皮剪用于去除指甲周围的死皮、肉刺。死皮剪的刀口很锋利，修剪时应格外小心（如图 8-9 所示）。

4. 死皮推

死皮推用于铲除指甲死皮。操作时用死皮推的头部轻轻沿指甲根部推进指甲根部和皮肤之间隆起的死皮（如图 8-10 所示）。

5. 钢推

钢推有两头，分别具有不同的功能。稍尖的一头用于辅助卸除水晶甲、指甲贴片等，稍圆的一头用于推起指甲周围的角质（如图 8-11 所示）。

6. 刮脚刀

刮脚刀是用于去除脚部老茧的工具，在使用时要握紧刀柄，顺着刀柄方向轻刮（如图 8-12 所示）。

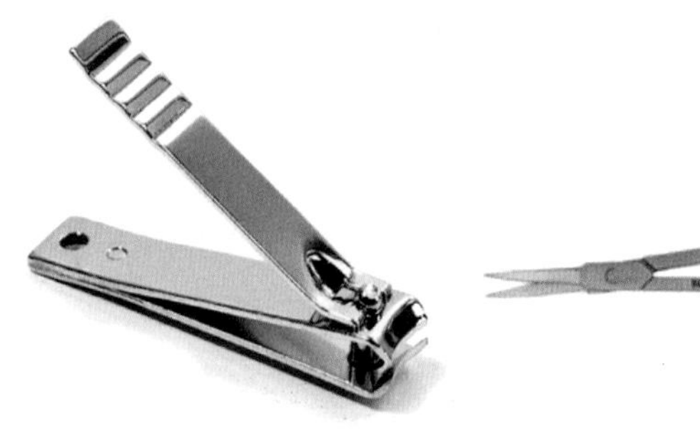

图 8-7 指甲刀

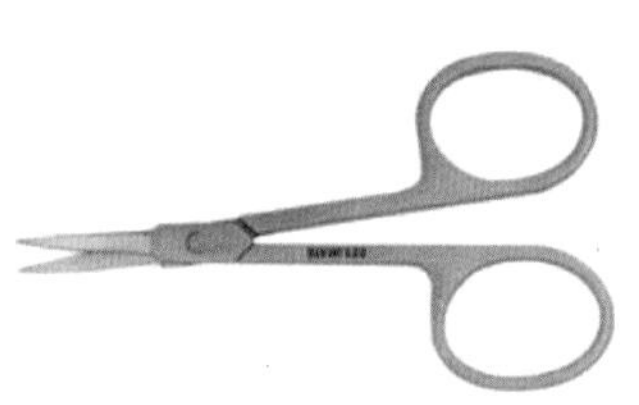

图 8-8 小剪刀

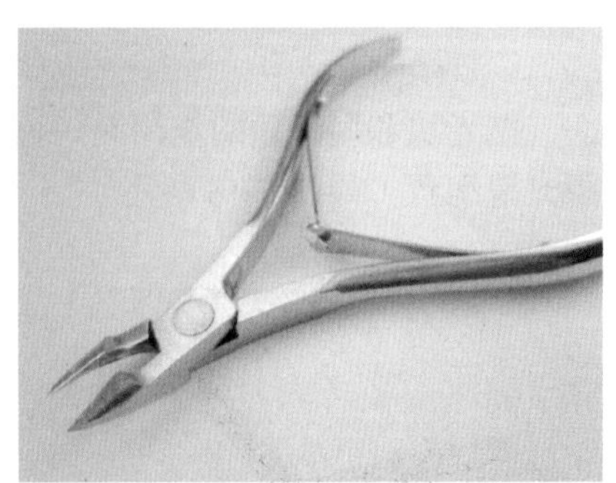

图 8-9 死皮剪

图 8-10 死皮推

图 8-11 钢推

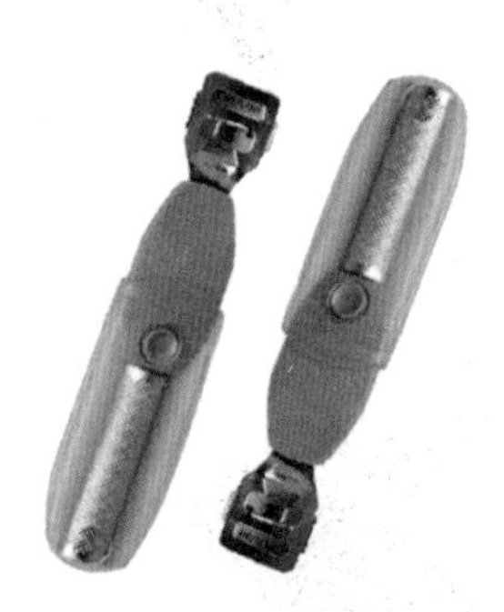

图 8-12 刮脚刀

二、打磨工具

每个人的甲形各不相同，想要打造出理想的指甲形状，打磨工具必不可少。一般的打磨工具主要包括修形锉、打磨块、脚锉板、抛光条等，主要用来修整指甲的形状，处理甲面凹凸不平的情况等。

1. 修形锉

修形锉用于修整指甲的形状，有 150 号、180 号、240 号等型号，分别针对不同的打磨要求（如图 8-13 所示）。

2. 打磨块

打磨块用于打磨指甲表面的粗细文理，增加指甲光泽感，对于防止指甲脱皮和开裂有很好的效果（如图 8-14 所示）。

3. 打磨条

打磨条主要用于修磨指甲的长度和形状，让指甲展现完美的弧度（如图 8-15 所示）。

4. 脚锉板

脚锉板用于去除脚底的死皮和老茧，并有按摩和加速脚底血液循环的作用（如图 8-16 所示）。

5. 抛光条

抛光条用于指甲甲面的抛光，抛光后的指甲光亮、有血色，具有天然光泽（如图 8-17 所示）。

6. 抛光块

抛光块和抛光条的作用是一样的，对不平整的指甲表面有明显处理效果，能将其处理得光滑细致（如图 8-18 所示）。

图 8-13　修形锉

图 8-14　打磨块

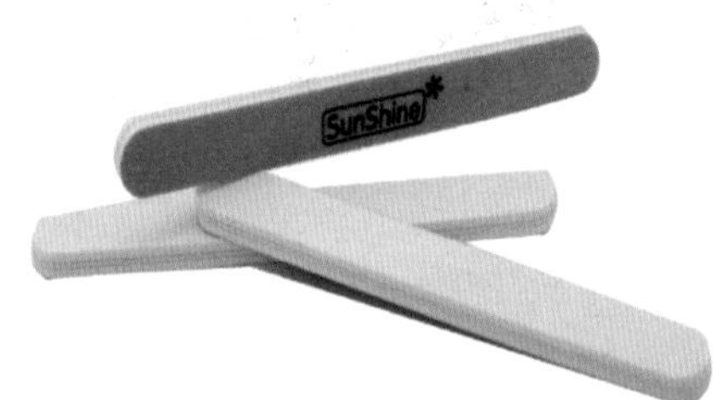

图 8-15　打磨条

图 8-16　脚锉板

图 8-17　抛光条

图 8-18　抛光块

三、辅助工具

想要打造一款完美的指甲，除了以上介绍的必要的工具以外，辅助工具也必不可少。常见的辅助工具有粉尘刷、泡手碗、镊子、手枕等，这些看似零碎的工具在美甲的过程中往往会派上大用场。

1. 粉尘刷

粉尘刷用于清洁打磨指甲后产生的灰尘（如图 8-19 所示）。

2. 泡手碗

泡手碗用于清洁指甲，松软皮肤。使用时，先在泡手碗中加入温水，然后浸泡手指（如图 8-20 所示）。

3. 镊子

镊子主要用于指甲装饰材料的取放，如水钻、亮片、贴花等装饰材料（如图 8-21 所示）。

4. 钻盒

钻盒是专门用来放置水钻的收纳盒，分门别类地摆放水钻能让复杂的钻石镶嵌得心应手（如图 8-22 所示）。

5. 脱脂棉

脱脂棉用于擦洗甲油、卸除光疗甲，干净卫生，使用也很方便（如图 8-23 所示）。

6. 塑型钳

塑型钳用于做水晶甲或光疗甲时的塑型，起到使指甲弧度自然、美观的作用（如图 8-24 所示）。

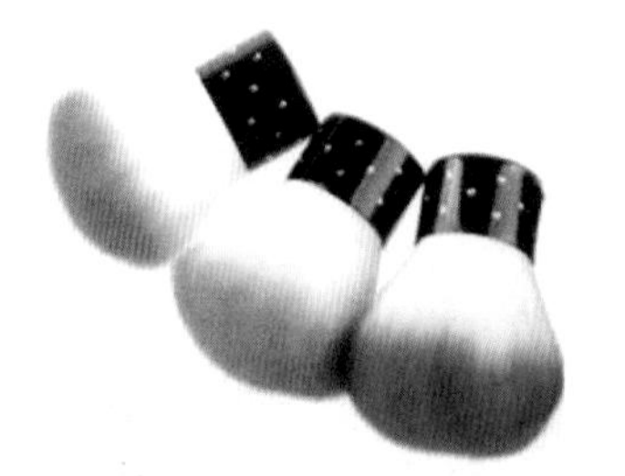

图 8-19　粉尘刷

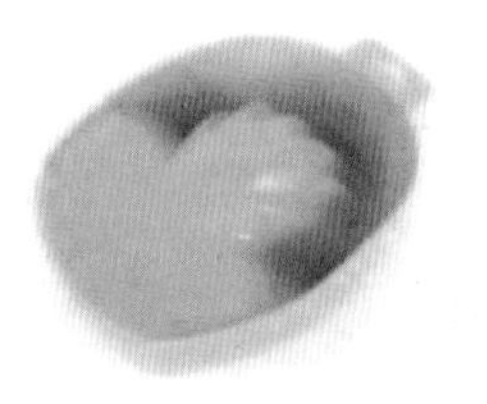

图 8-20　泡手碗

图 8-21　镊子

图 8-22　钻盒

图 8-23　脱脂棉

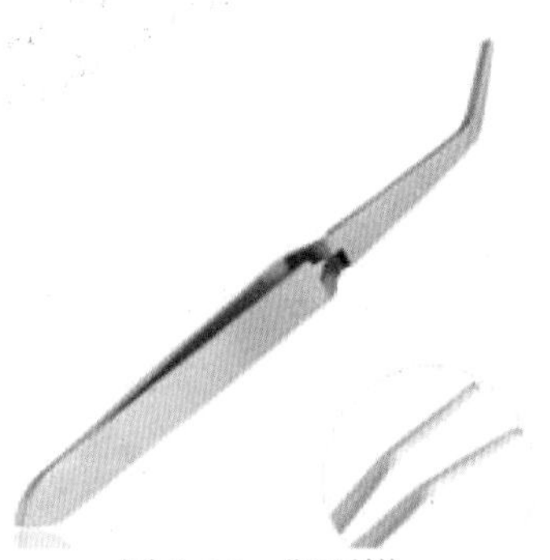

图 8-24　塑型钳

7. 光疗灯

光疗灯是涂甲油的必备产品。光疗灯所发出的光线与甲油胶发生感应，可使甲油快速固化（如图 8-25 所示）。

8. 手枕

手枕用于托垫顾客的胳膊，可以减少手的压力，缓解手疲劳（如图 8-26 所示）。

9. 一字剪

一字剪是剪假指甲贴片的专用剪刀，是指甲刀无法替代的（如图 8-27 所示）。

10. 光疗笔

光疗笔是制作光疗甲的必配工具，用于指甲图案的绘制、闪粉的粘贴等（如图 8-28 所示）。

11. 雕花笔

雕花笔是在做美甲时进行美甲雕花的工具，配合水晶液及水晶粉使用（如图 8-29 所示）。

12. 锡箔纸

在美甲过程中，锡箔纸主要用于光疗甲、水晶甲的卸除，也可以用于制作琉璃甲（如图 8-30 所示）。

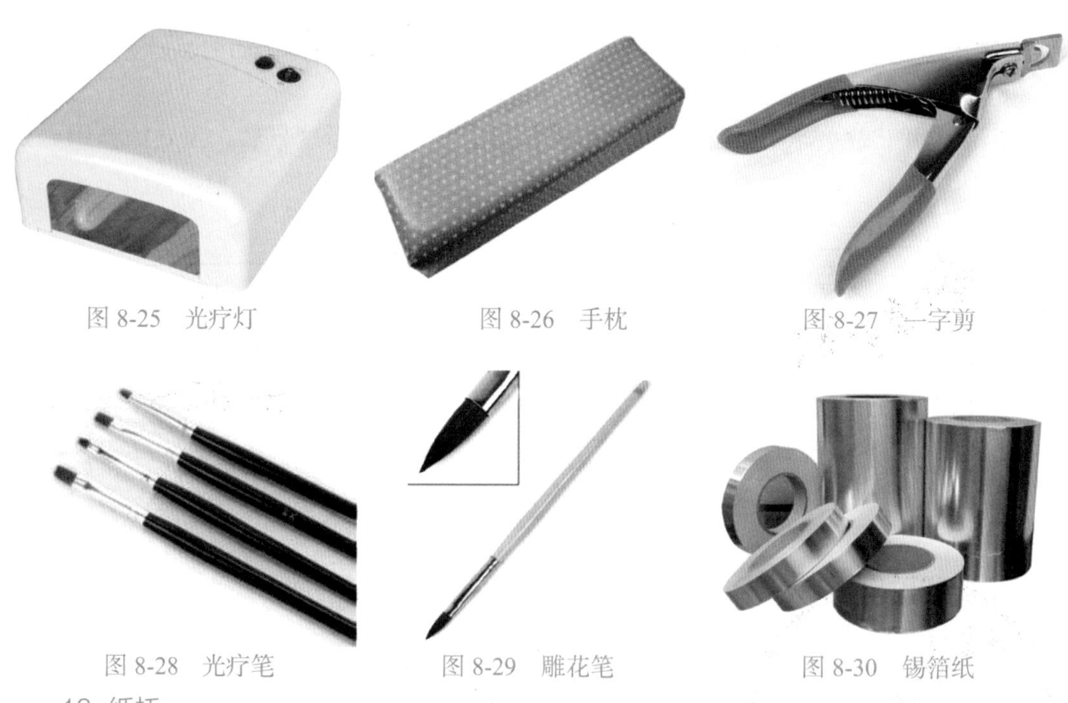

图 8-25 光疗灯　图 8-26 手枕　图 8-27 一字剪

图 8-28 光疗笔　图 8-29 雕花笔　图 8-30 锡箔纸

13. 纸托

纸托是做水晶甲时用于指甲延长的辅助工具，可以改变指甲的形状，塑形效果好（如图 8-31 所示）。

14. 水晶杯

水晶杯用于盛放水晶液，大多由琉璃或陶瓷等材料制作而成（如图 8-32 所示）。

15. 莲花座

莲花座用于制作甲片时粘贴甲片的底座，方便在甲片上绘制图案（如图 8-33 所示）。

16. 一次性毛巾

一次性毛巾用于擦干浸湿的手部、足部皮肤，不可反复使用（如图 8-34 所示）。

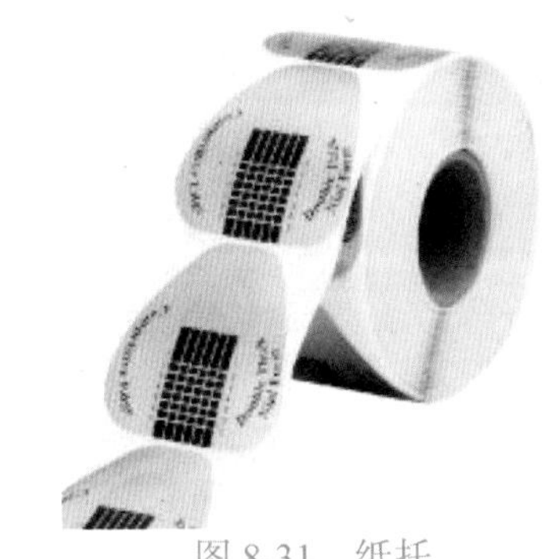

图 8-31 纸托

图 8-32 水晶杯

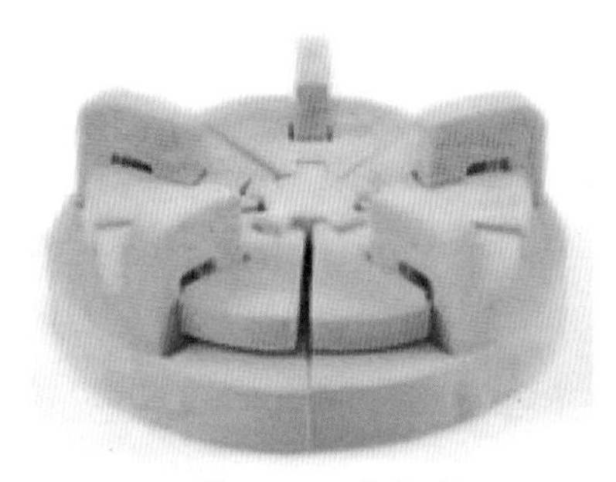

图 8-33 莲花座

图 8-34 一次性毛巾

四、清洁工具

无论多么美丽的美甲造型，总会随着时间的变化而褪色，失去光泽。在这种尴尬的时候，甲面的清洁处理显得尤为重要。在指甲的卸除过程中，常常会用到的清洁工具主要有消毒水、啫喱水、卸甲水等。

1. 卸甲水

卸甲水主要用于卸除水晶甲、光疗甲及粘贴的甲片等（如图 8-35 所示）。

2. 啫喱水

啫喱水也叫清洁液，专用于光疗甲封层后擦洗并提亮甲面，也可以用于清洗使用过的水晶笔和光疗笔（如图 8-36 所示）。

3. 洗甲水

洗甲水用于清洗指甲上的普通甲油，在卸除甲油的同时还能保持甲面的光泽（如图 8-37 所示）。

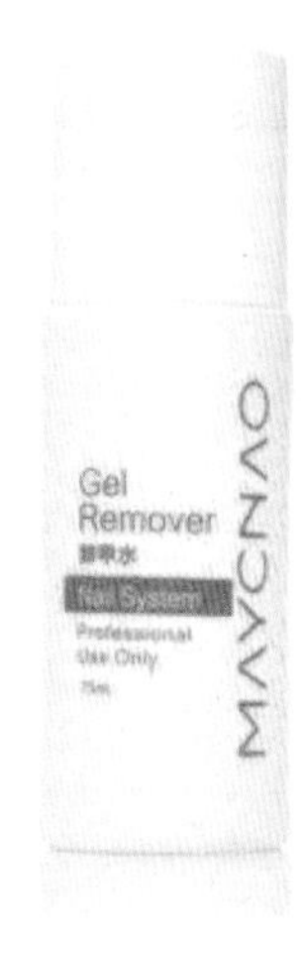

图 8-35　卸甲水

图 8-36　啫喱水

图 8-37　洗甲水

牛刀小试

你能说出几种美甲工具？你知道它们的用途吗？

任务四 贴片甲

任务情景

我们在影视剧中经常看到一些女演员的手指甲又长又饱满，玉手纤纤，十分漂亮。这是她们做了贴片甲的缘故。你了解贴片甲相关操作吗？

任务要求

熟练掌握贴片甲的相关操作。

知识准备

贴片甲是用指甲专用胶将加长指甲片粘在自然甲上，从而达到延长指甲、美化手指的作用。本章对甲片的粘贴方法和卸除方法进行了详细讲解。贴片甲简单易学，每个人的指甲弧度不一样，这需要美甲师针对不同的指甲弧度做出选择。

一、法式贴片甲

法式贴片甲效果图和制作步骤如图 8-38 和图 8-39 所示。

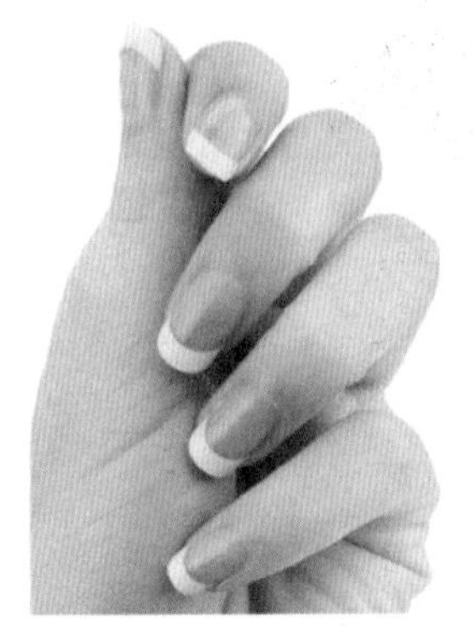

图 8-38 法式贴片甲效果图

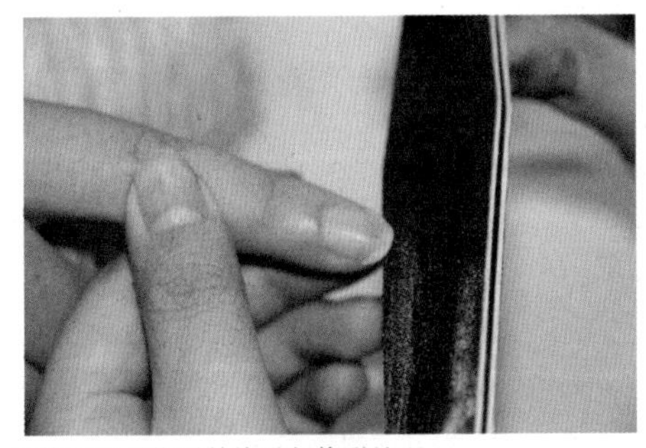

1. 用修形锉对指甲前缘进行修形处理。

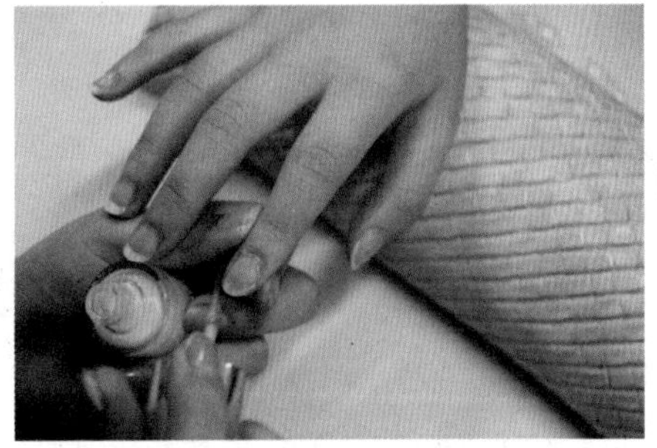

2. 在指甲周围涂上死皮软化剂，软化指甲周围的死皮、硬茧。

图 8-39 法式贴片甲制作步骤

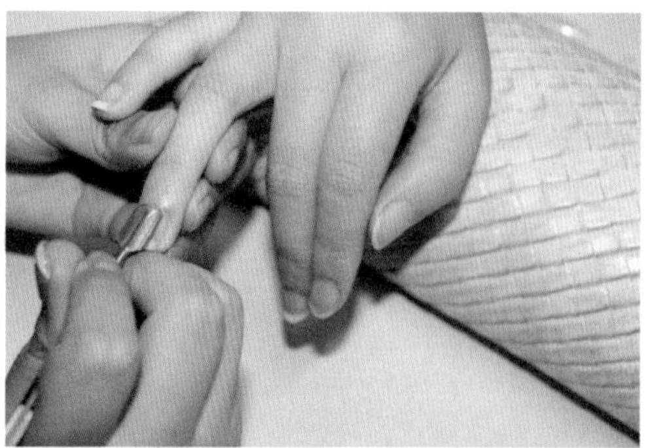

3. 用死皮推由指甲前缘到后端的方向，轻轻推起软化后的死皮。

4. 将推起的死皮用死皮剪轻轻剪去。

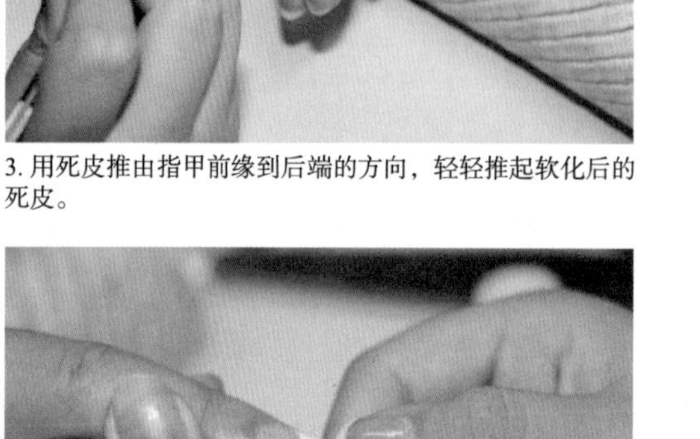

5. 根据甲床的大小挑选 1/3 贴片甲，使甲片与自然甲的宽度一致。

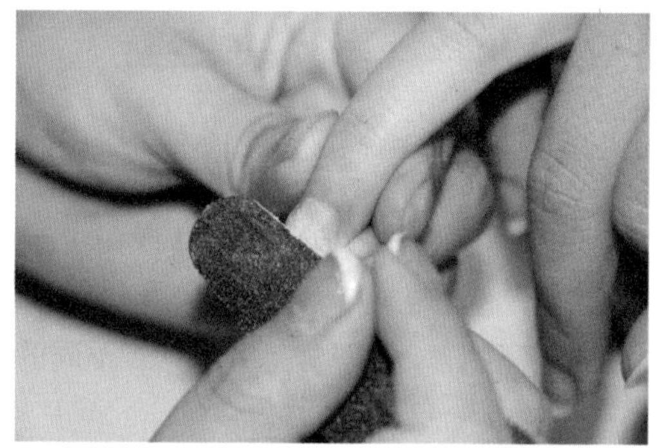

6. 用修形锉将自然甲打磨，增大自然甲与甲片的接触面积。

7. 用粉尘刷清除甲面上的粉尘。

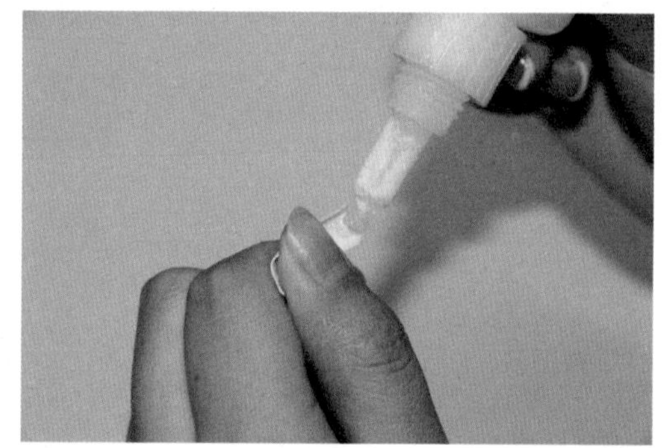

8. 把胶水点在甲片背面的凹槽处，胶水不能涂抹太多。

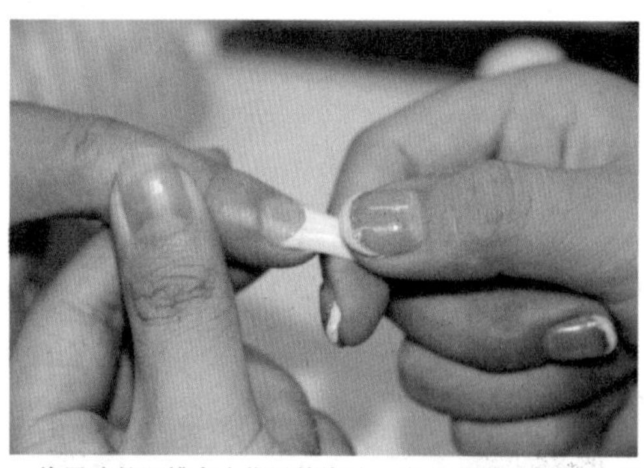

9. 将甲片的凹槽卡在指甲前缘处，成 45 度角，把甲片压在指甲表面，按压 5～10 秒。

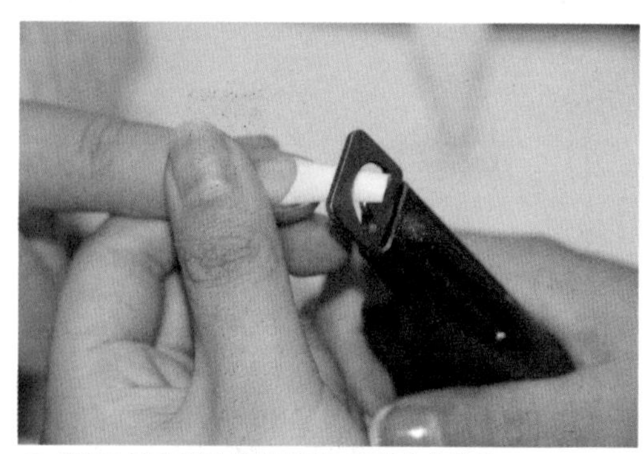

10. 确定合适的甲片长度后用一字剪修剪贴片。

图 8-39　法式贴片甲制作步骤（续）

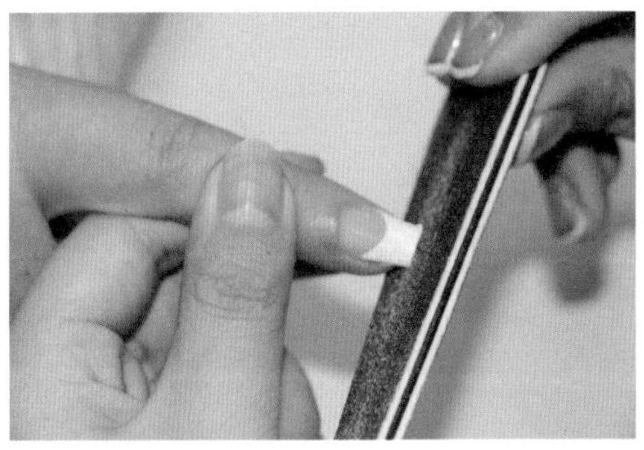

11. 用修形锉修剪指甲前缘的形状。

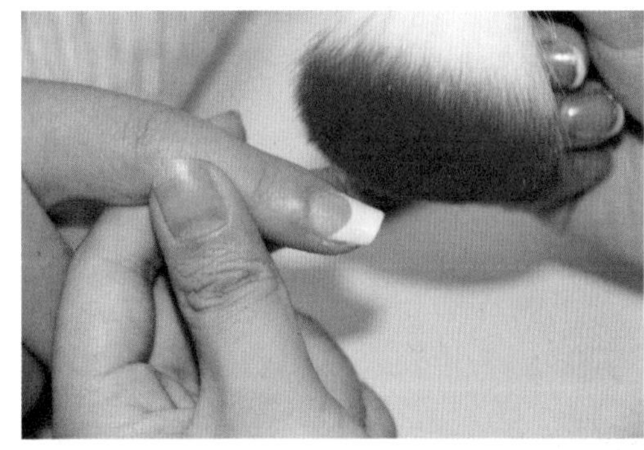

12. 用粉尘刷除去甲面上和甲沟里的粉尘。

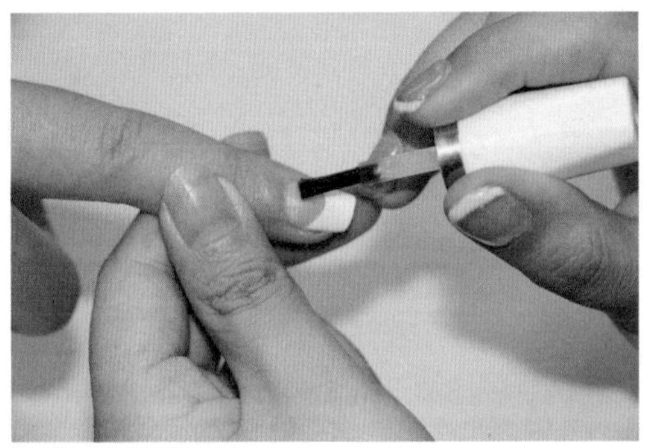

13. 为甲面均匀地涂上一层亮油。

图 8-39 法式贴片甲制作步骤（续）

二、全贴片甲

全贴片甲制作步骤如图 8-40 所示。

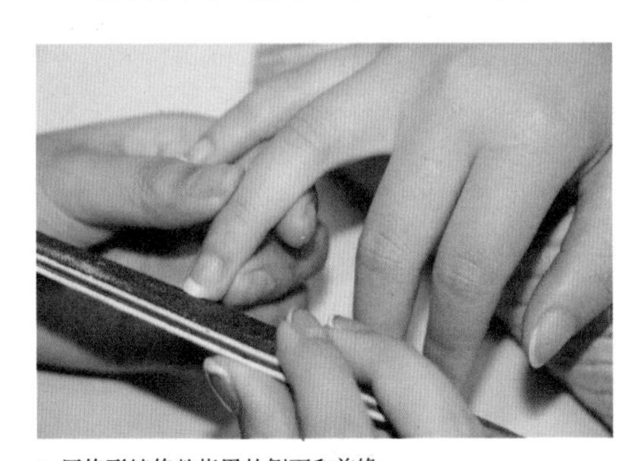

1. 用修形锉修整指甲的侧面和前缘。

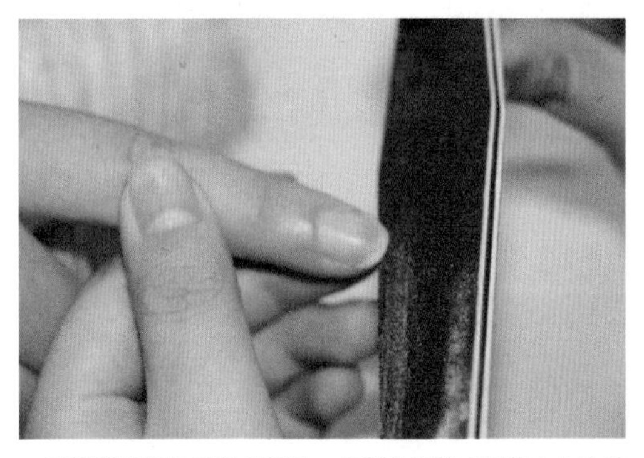

2. 用修形锉修整指甲的形状，指甲的形状应根据个人的手型来选择。

图 8-40 全贴片甲制作步骤

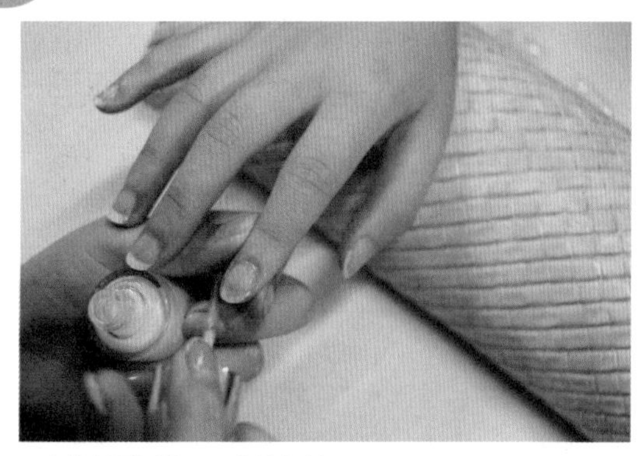

3. 在指甲周围涂上死皮软化剂。

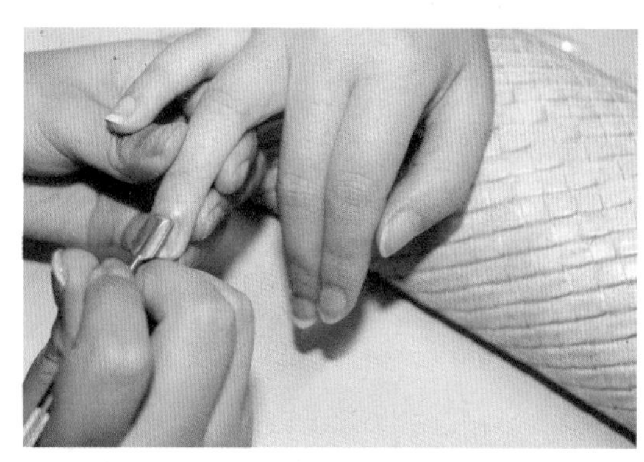

4. 用死皮推由指甲前缘到后端的方向，轻轻推起软化后的死皮。

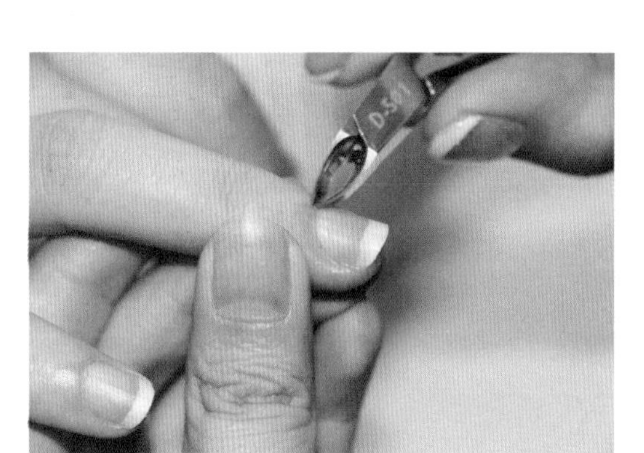

5. 用死皮剪将推起的死皮轻轻剪去。

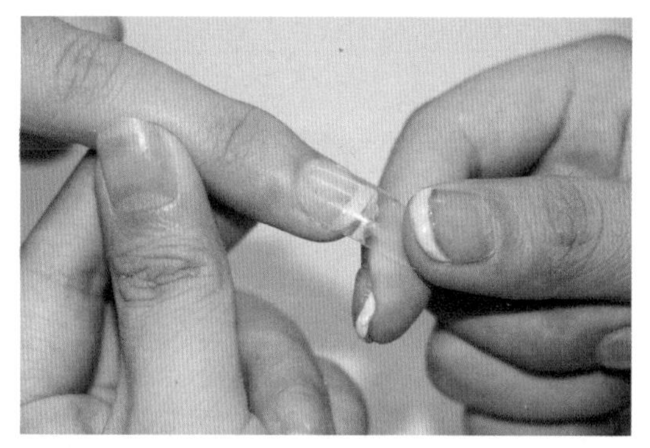

6. 挑选适合指甲甲床大小的全贴片。

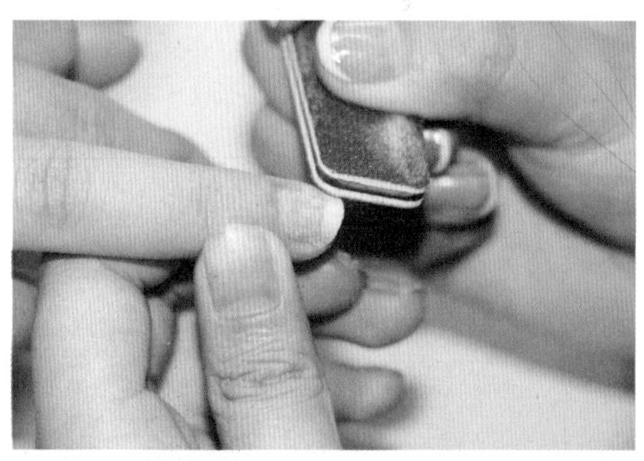

7. 用修形锉在指甲表面纵向轻轻磨锉指甲的前缘，增大自然甲与甲片的接触面积。

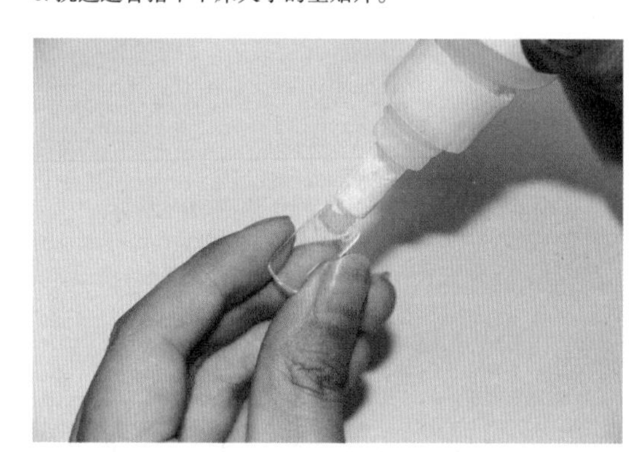

8. 把胶水点在甲片的背面，胶水不能涂抹太多。

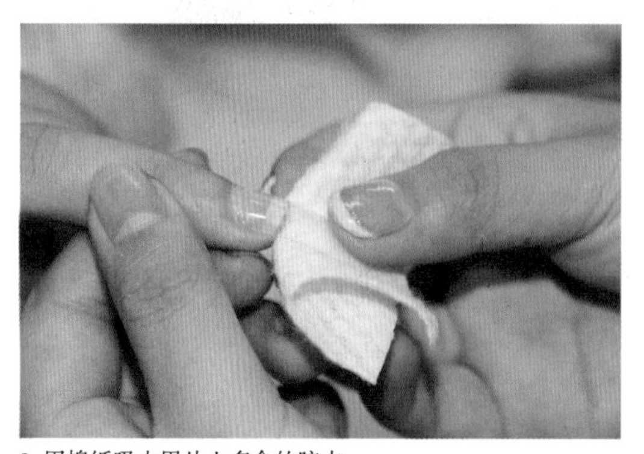

9. 用棉纸吸去甲片上多余的胶水。

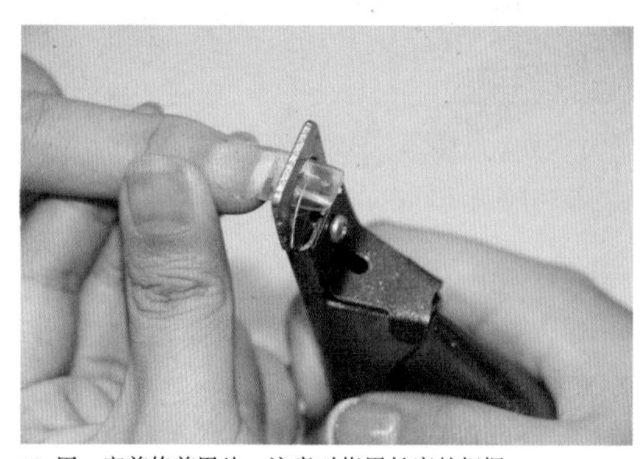

10. 用一字剪修剪甲片，注意对指甲长度的把握。

图 8-40 全贴片甲制作步骤（续）

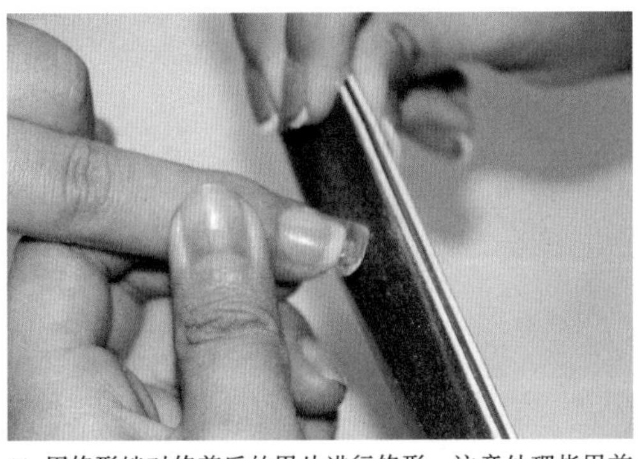
11. 用修形锉对修剪后的甲片进行修形，注意处理指甲前缘的毛糙处。

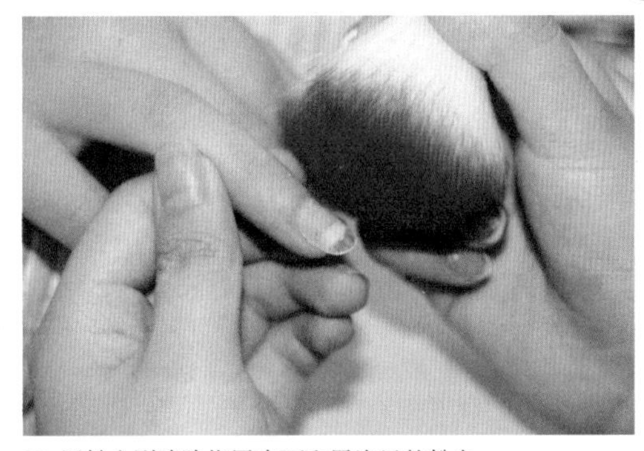
12. 用粉尘刷清除指甲表面和甲沟里的粉尘。

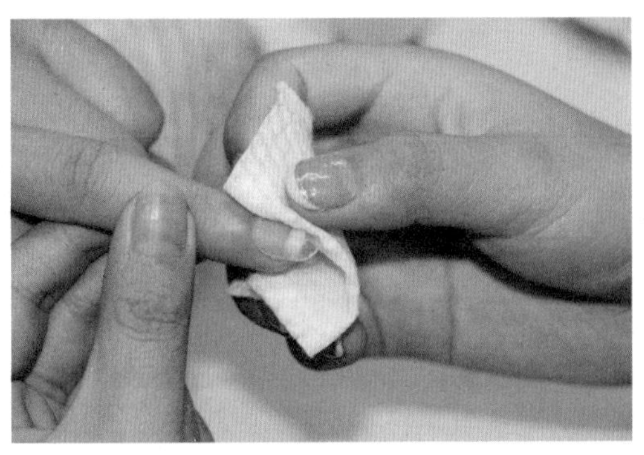
13. 用浸湿的棉片将甲面擦拭干净。

图 8-40　全贴片甲制作步骤（续）

三、半贴片甲

半贴片甲制作步骤如图 8-41 所示。

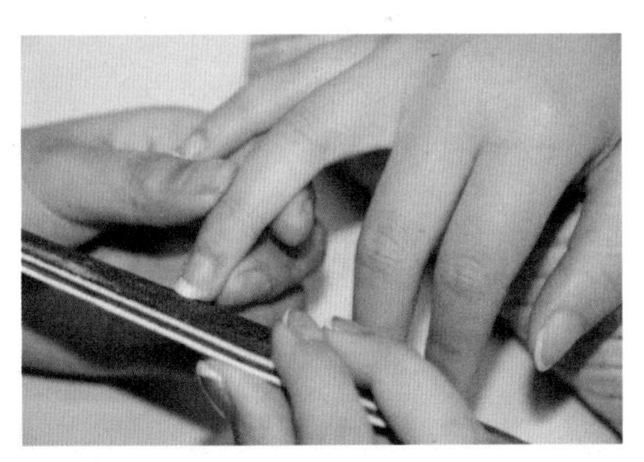
1. 用修形锉对指甲前缘进行修形处理。

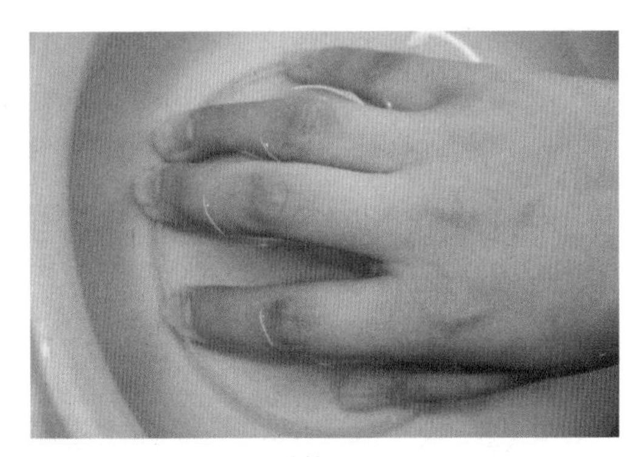
2. 用清水浸泡手指 1～2 分钟。

图 8-41　半贴片甲制作步骤

3. 在指甲周围涂上死皮软化剂。

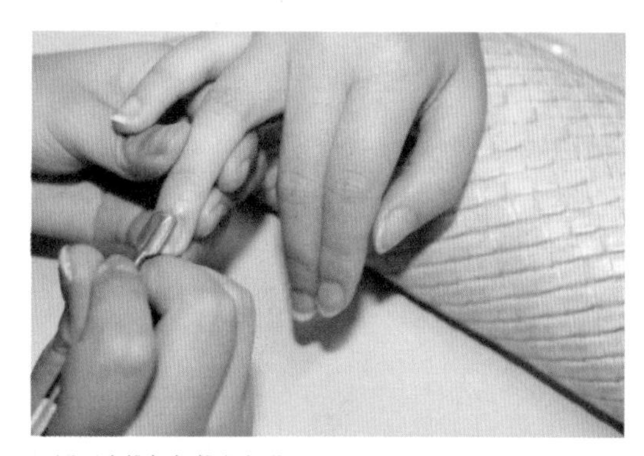

4. 用死皮推轻轻推起软化后的死皮。

5. 用死皮剪将推起来的死皮轻轻剪去。

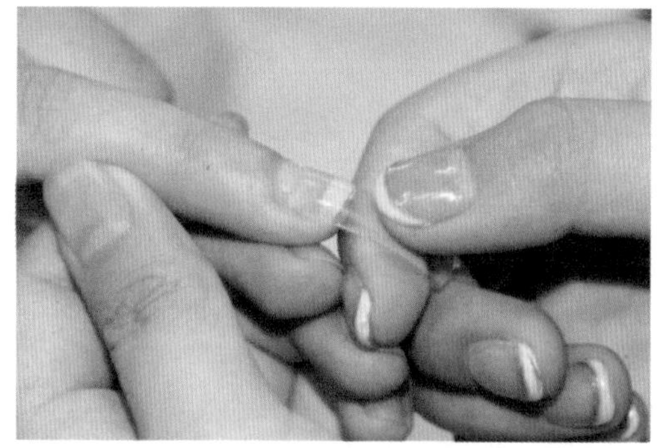

6. 挑选甲片，甲片的宽度应与指甲甲床的宽度一致。

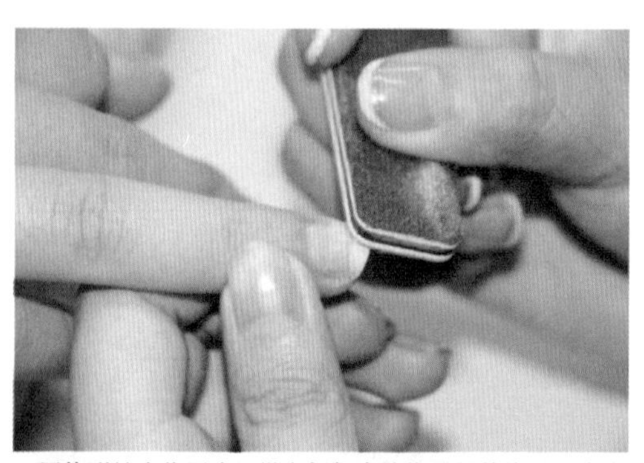

7. 用修形锉在指甲表面纵向轻轻磨锉指甲的前缘，增大自然甲与甲片的接触面积。

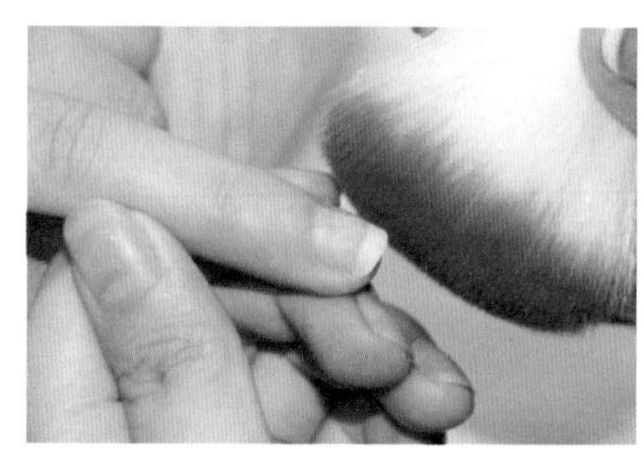

8. 用粉尘刷去除甲面上的粉尘。

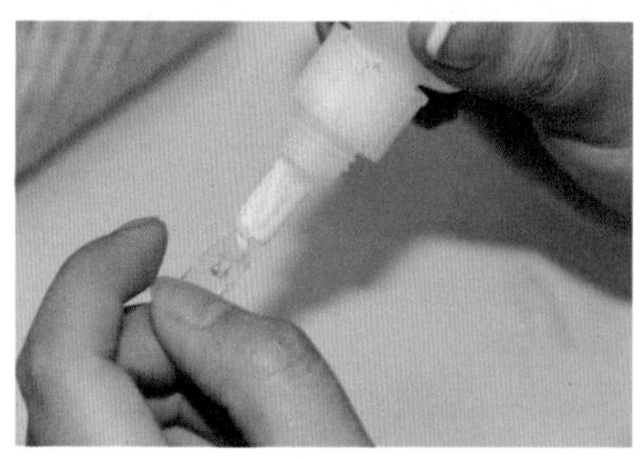

9. 把胶水点在甲片的根部，胶水不能涂抹太多。

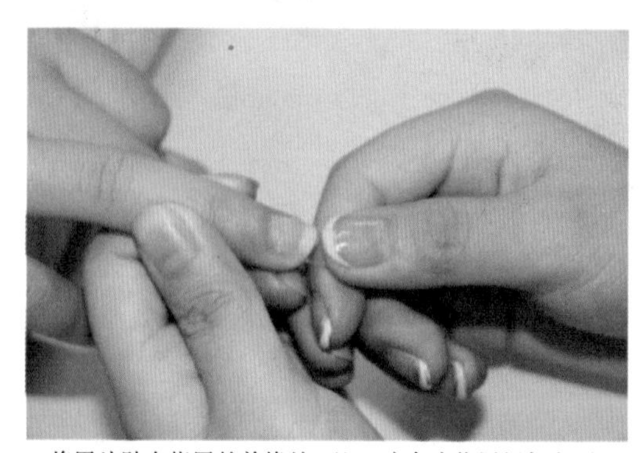

10. 将甲片贴在指甲的前缘处，以45度角由指甲根部向下压，并把胶水推均匀，按压5～10秒。

图8-41　半贴片甲制作步骤（续）

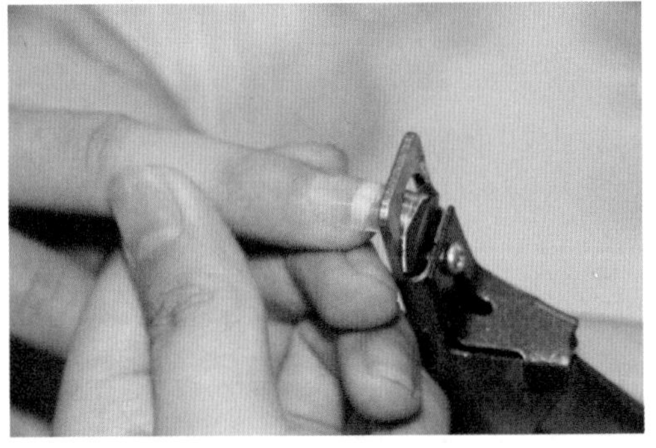

11. 根据手型的特点用一字剪修剪甲片。

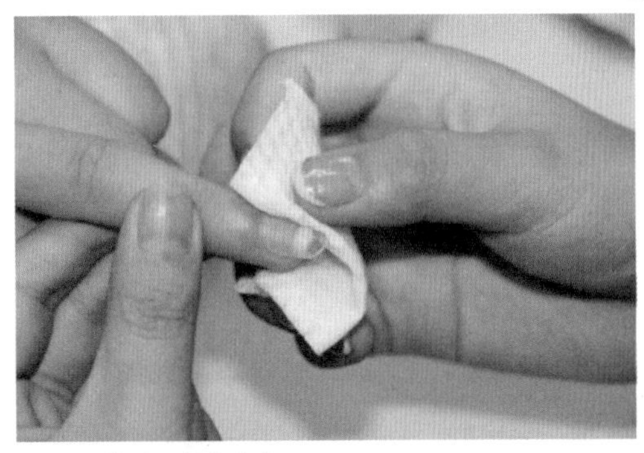

12. 处理指甲两侧的胶水。

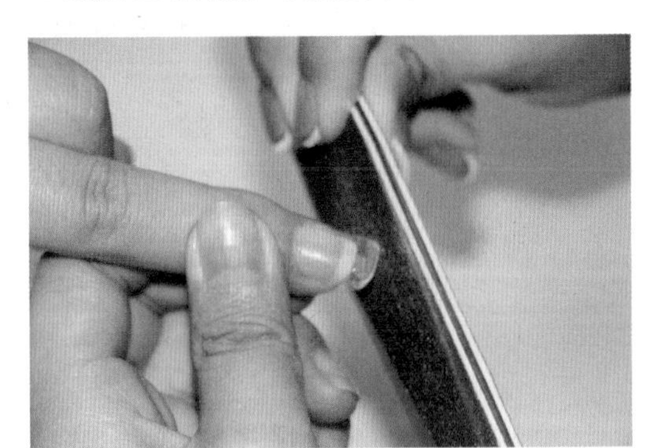

13. 用修形锉磨锉贴片前缘，使指甲前缘光滑平整。

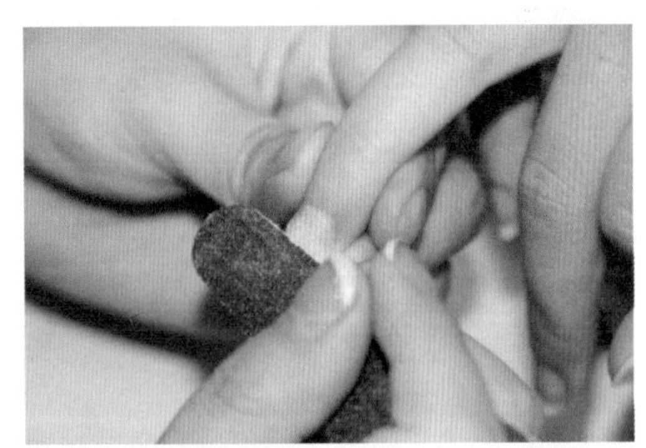

14. 用修形锉打磨甲片与自然甲的衔接处。

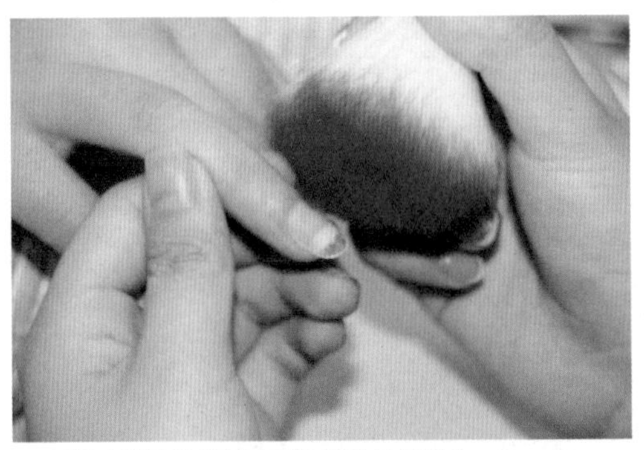

15. 用粉尘刷清除指甲表面和甲沟里的粉尘。

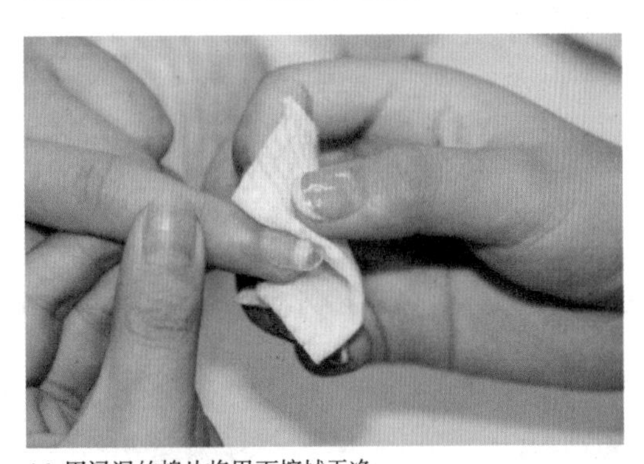

16. 用浸湿的棉片将甲面擦拭干净。

图 8-41 半贴片甲制作步骤（续）

牛刀小试

你能总结出贴甲片的操作要点和注意事项吗？

任务五　甲片的卸除

甲片的卸除过程需要用棉片和锡箔纸对甲面进行反复的包裹，也需要用修形锉对甲面进行反复的打磨，直到指甲上没有黏着物，也没有反光的甲片，包裹和打磨的步骤才能结束。卸除甲片操作过程如图 8-42 所示。

1. 使手心朝上，用指甲剪剪短指甲。

2. 用指甲剪剪去甲面的雕花样式。

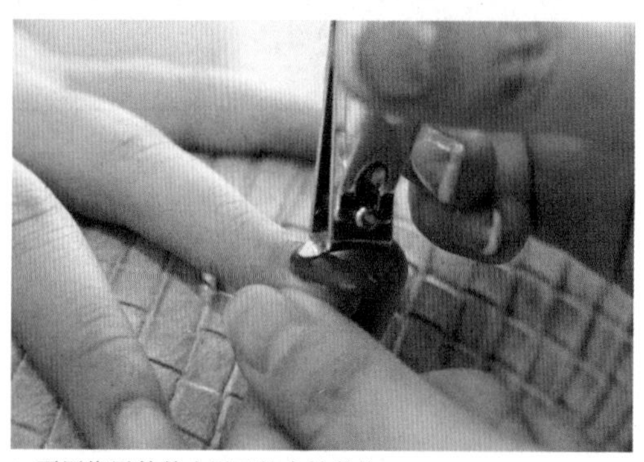

3. 再用指甲剪剪去甲面的水钻装饰。

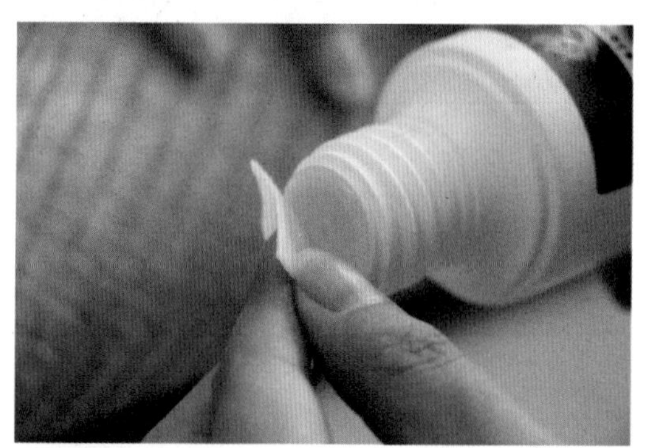

4. 将棉片叠成小块状，用卸甲水浸湿。

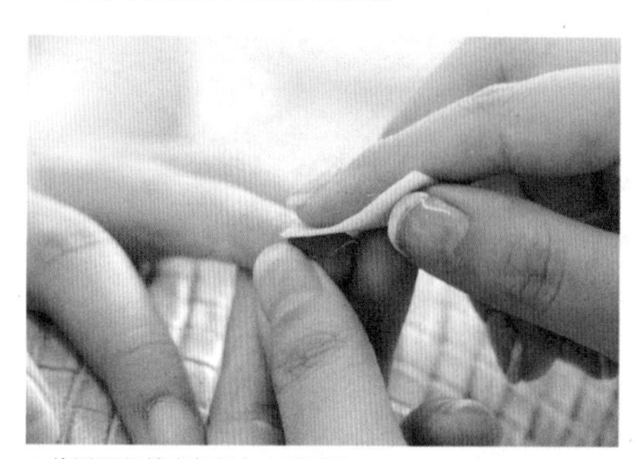

5. 将浸湿的棉布轻轻包在甲面上。

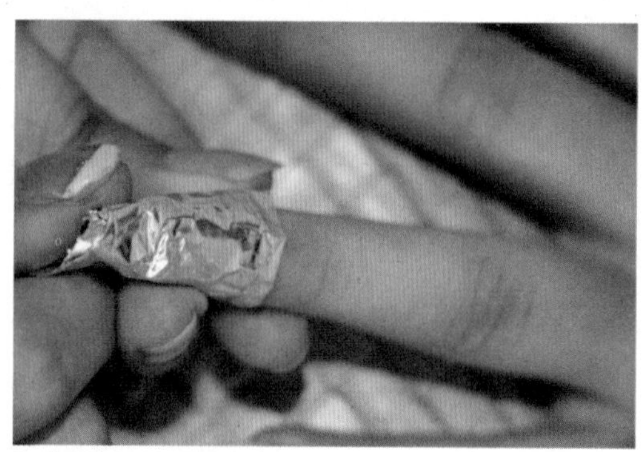

6. 用适当长度的锡箔纸包裹指甲。

图 8-42　卸除甲片操作过程

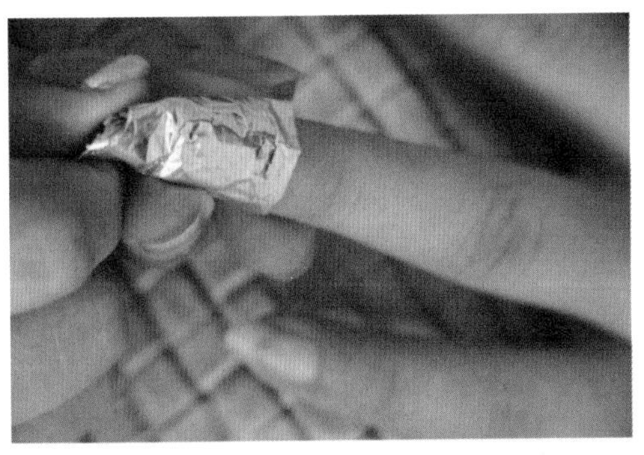

7. 将整个指甲用锡箔纸包裹，等待 3 分钟。

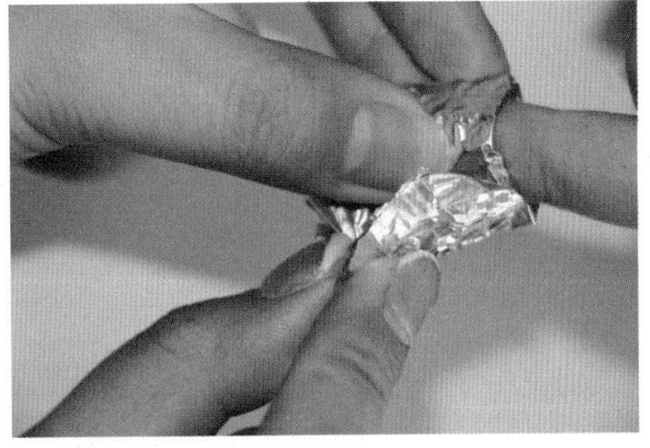

8. 轻轻取下包裹的锡箔纸。

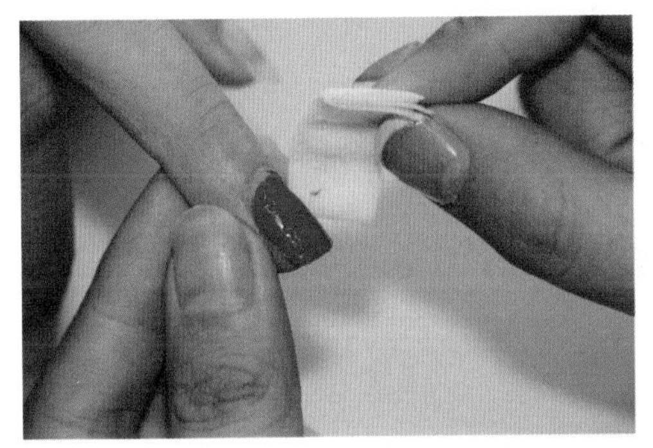

9. 取下甲面上的棉片，甲面上经过软化的甲油胶黏黏的。

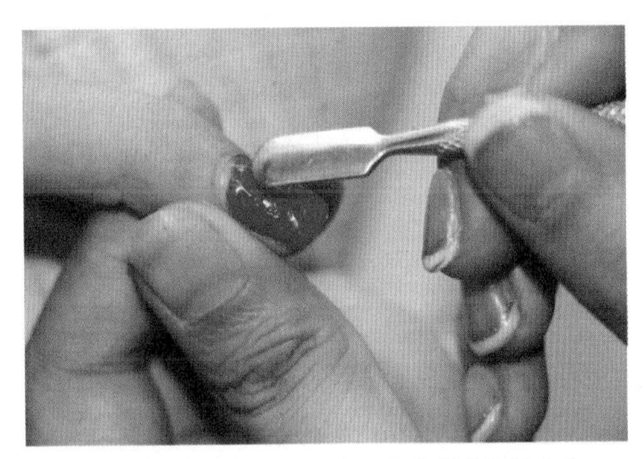

10. 用钢推由甲面前缘向后端轻轻推掉软化的甲油胶。

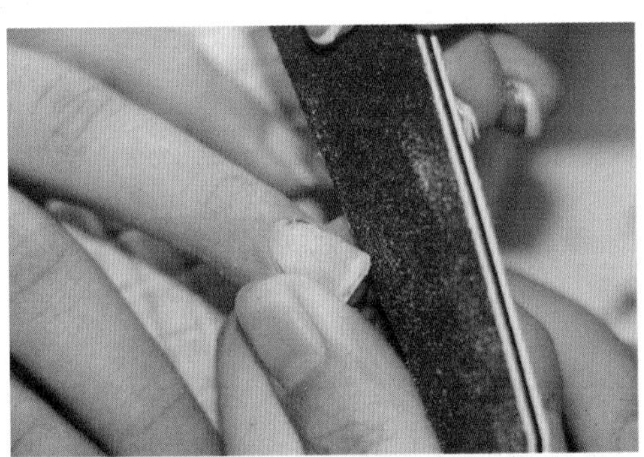

11. 用修形锉对甲面进行轻轻的打磨。

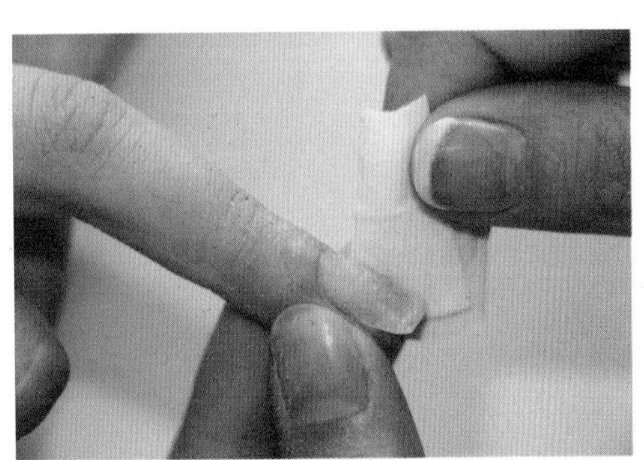

12. 再次用浸湿的棉片包裹甲面，继续卸除甲面上未卸除干净的甲片。

13. 再次用锡箔纸包裹甲面，等待 2～3 分钟。

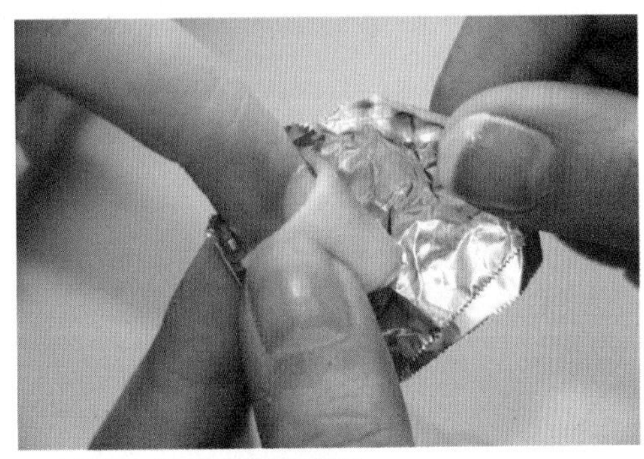

14. 轻轻取下包裹甲面的锡箔纸。

图 8-42　卸除甲片操作过程（续）

任务六　水晶甲的制作

一、透明水晶甲

透明水晶甲的效果图和制作步骤如图 8-43 和图 8-44 所示。

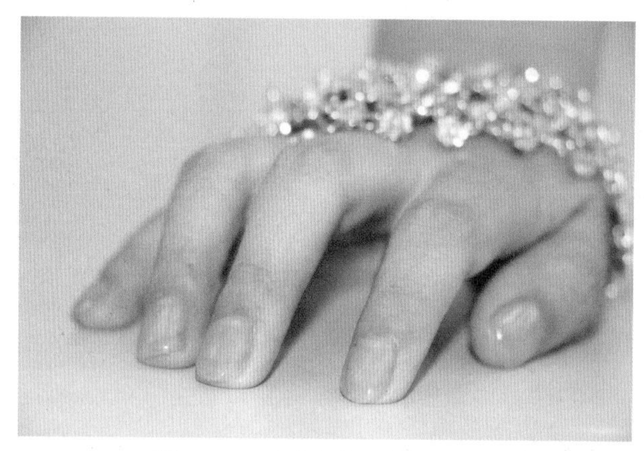

图 8-43　透明水晶甲效果图

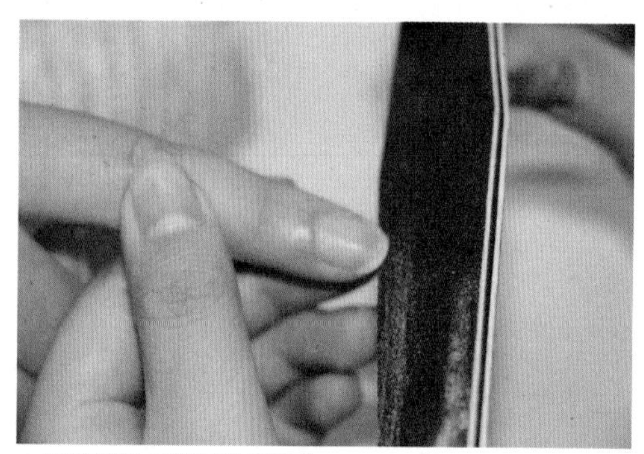

1. 用修形锉对指甲进行修形。

2. 用双面锉细面修整指甲前缘的毛糙处。

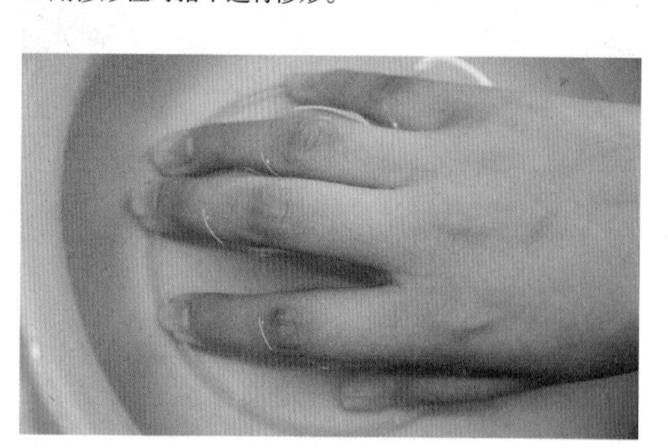

3. 用温水浸泡指甲 2～3 分钟。

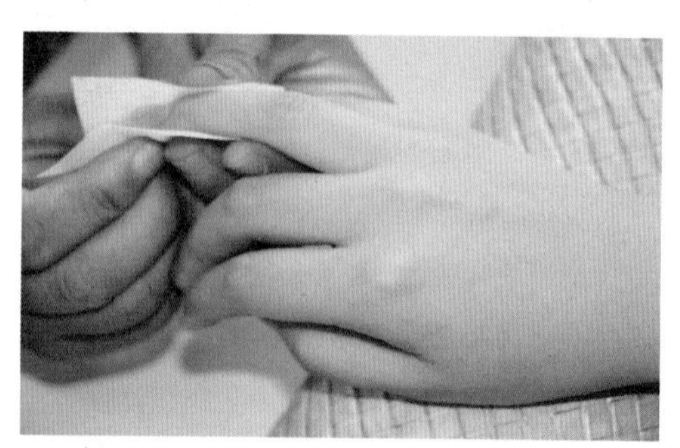

4. 用棉片把指甲上的水擦干。

图 8-44　透明水晶甲的制作步骤

5. 将死皮软化剂涂在指甲周围的皮肤上。

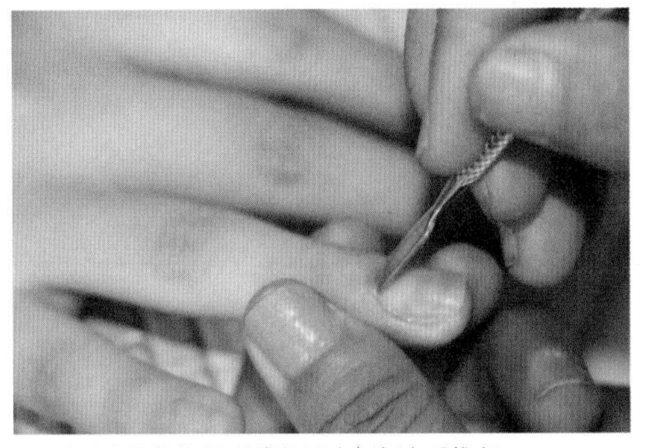

6 . 用死皮推将指甲后缘的死皮轻轻向后推起。

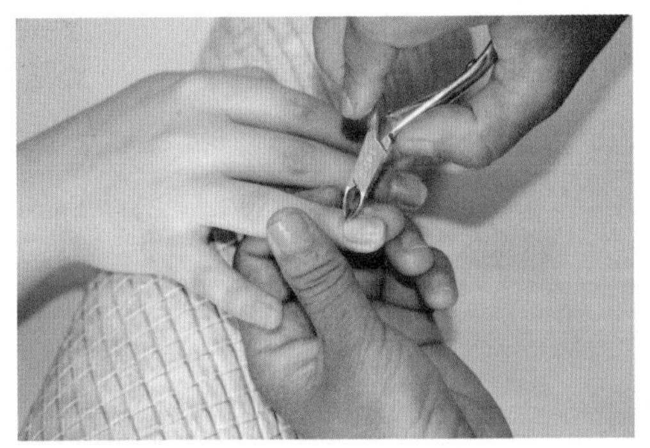

7. 将推起的死皮剪去，同时剪去指缘皮肤硬茧。

8. 用打磨条打磨甲面，使甲面变毛糙。

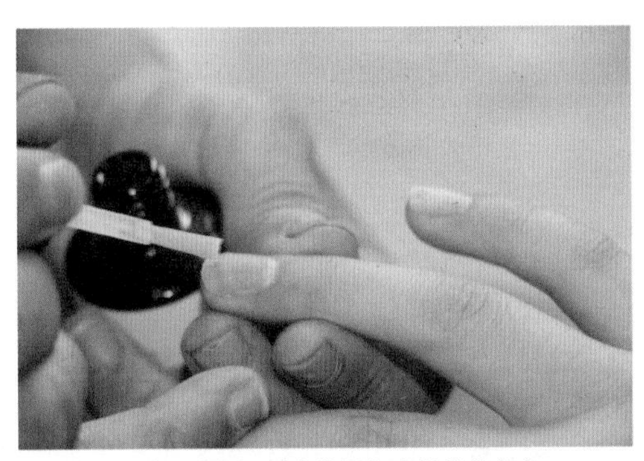

9. 在甲面上涂黏合剂，增大指甲与水晶粉黏合度。

10. 用光疗笔蘸取适量水晶液后再蘸取白色水晶。

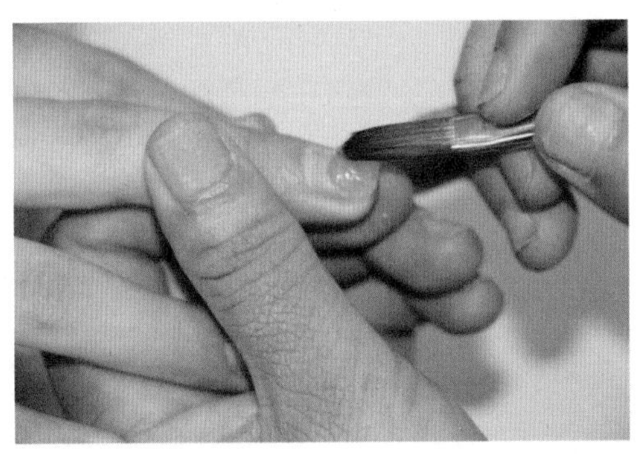

11. 将凝固的水晶粉放在甲面上，顺着指甲的弧度轻轻涂匀。

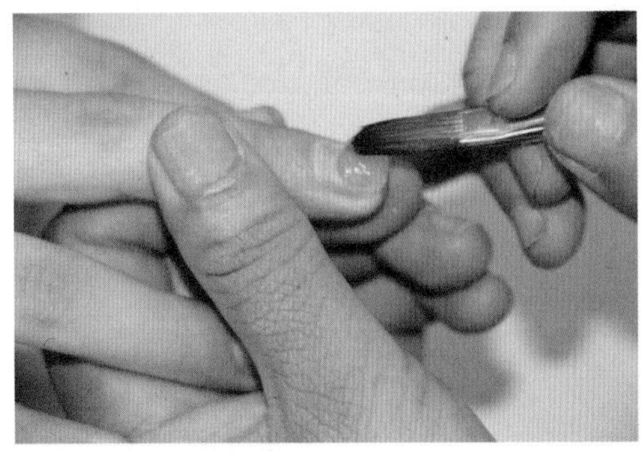

12. 注意调整指甲的弧度与厚度。

图 8-44 透明水晶甲的制作步骤（续）

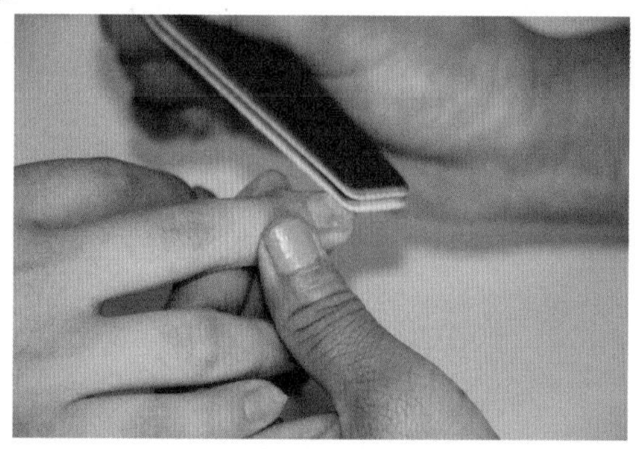

13. 用修形锉修整甲片前缘及甲面的厚度与弧度。

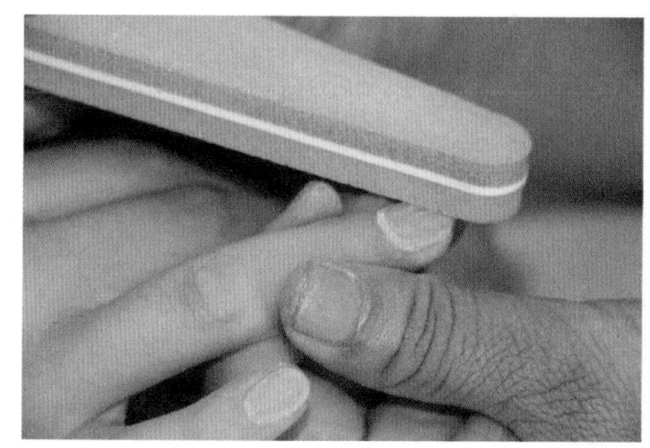

14. 用双面锉细面处理甲片前缘的毛糙处并将甲面抛光。

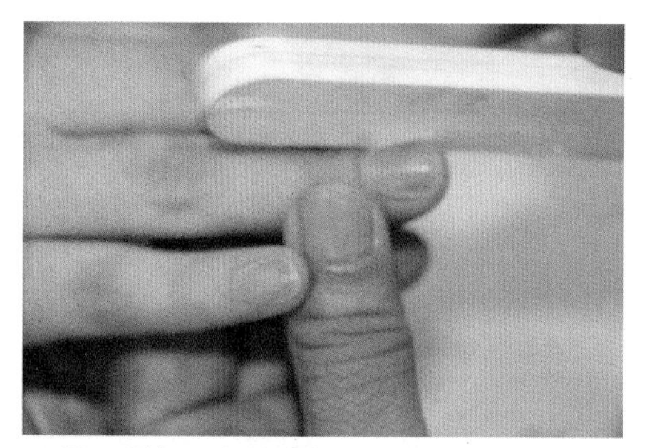

15. 用双面锉粗面对甲面继续进行抛光处理。

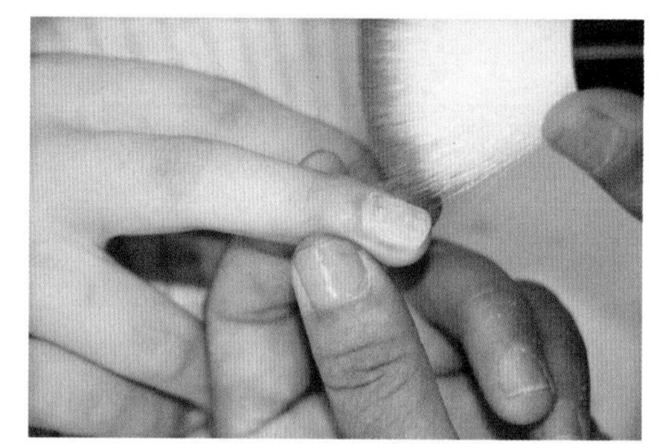

16. 用粉尘刷清除甲面上的粉尘。

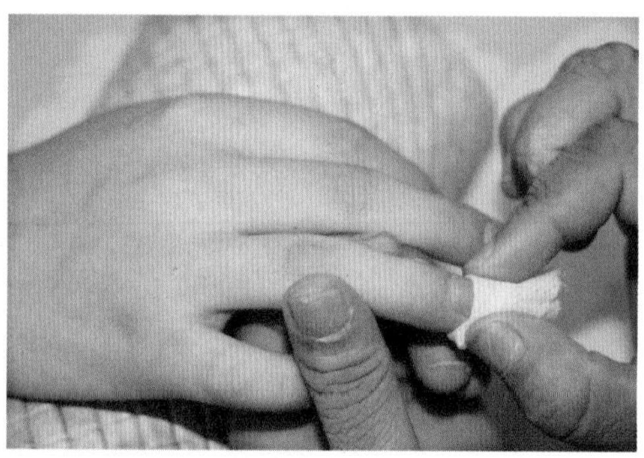

17. 用浸湿的棉片擦干净整个甲面。

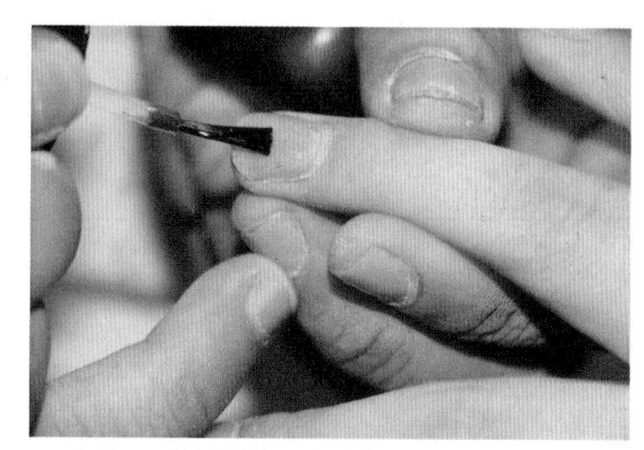

18. 在甲面上均匀地涂上一层底胶。

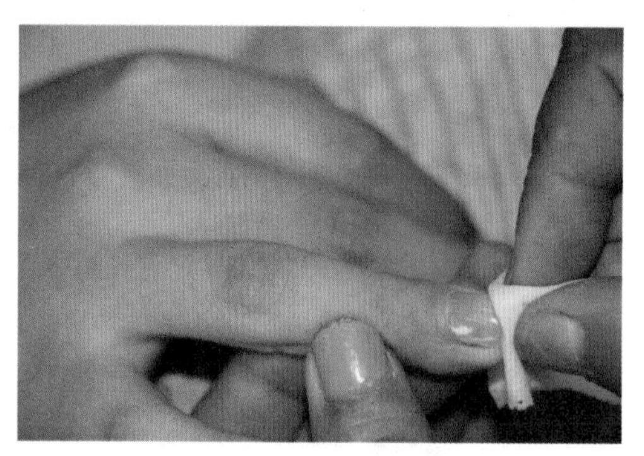

19. 用啫喱水浸湿棉片，清洗甲面上的乳胶。

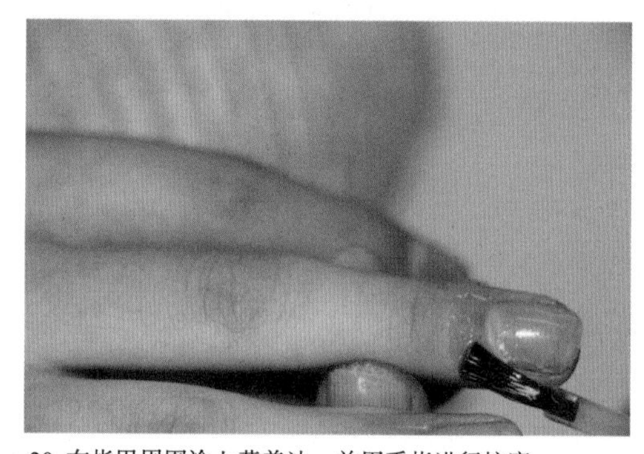

20. 在指甲周围涂上营养油，并用手指进行按摩。

图 8-44　透明水晶甲的制作步骤（续）

二、法式水晶甲

法式水晶甲的效果图和制作步骤如图 8-45 和图 8-46 所示。

图 8-45　法式水晶甲效果图

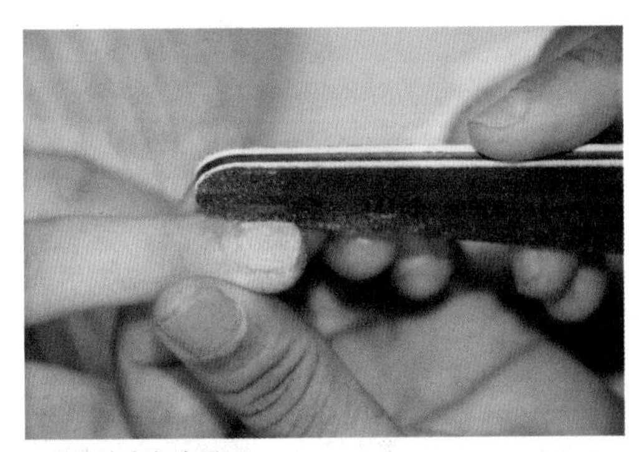

1. 用打磨条打磨甲面。

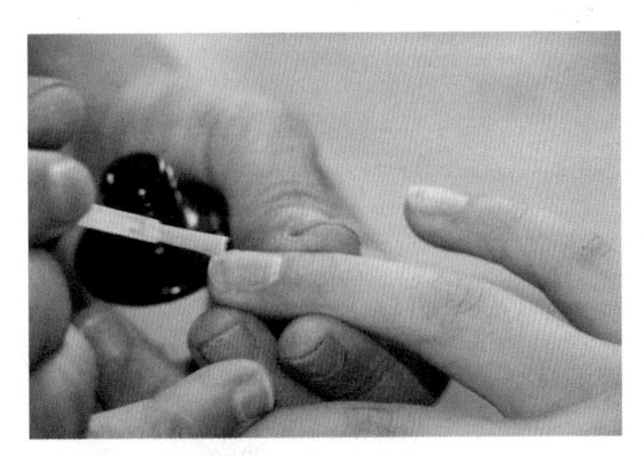

2. 在甲面上涂黏合剂。

3. 用光疗笔蘸取适量水晶液后再蘸取白色水晶粉。

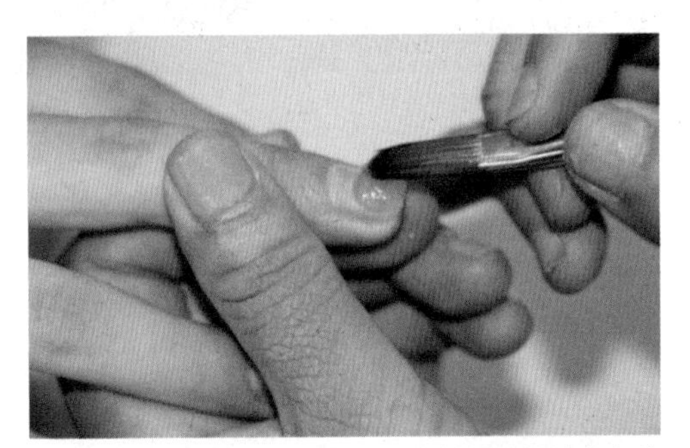

4. 将凝固的水晶粉放在甲面上，顺着指甲的弧度轻轻涂匀。

图 8-46　法式水晶甲的制作步骤

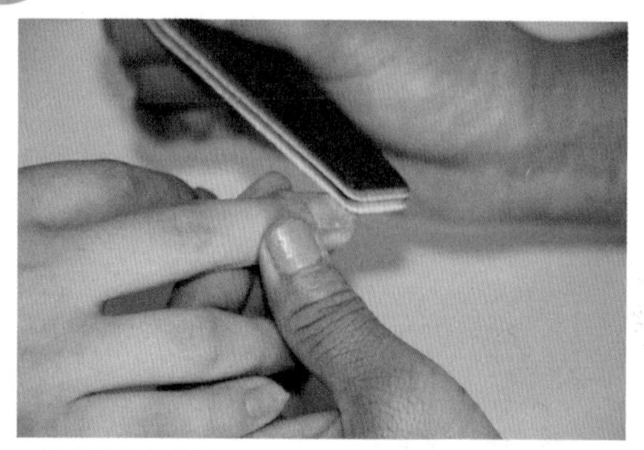

5. 用修形锉打磨甲面，整理甲片前缘的形状、甲面的厚度及弧度。

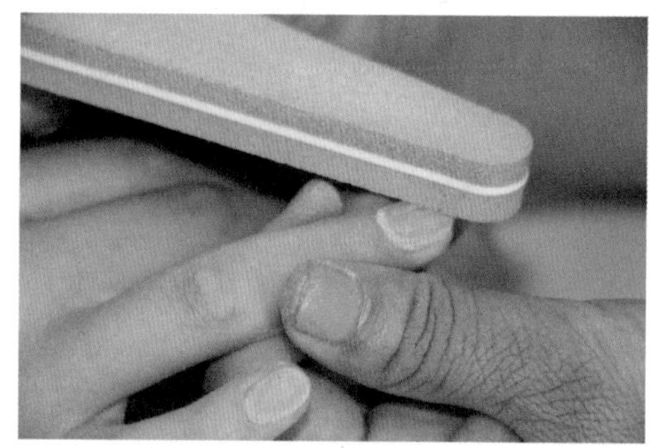

6. 用双面锉细面处理甲片前缘的毛糙处并将甲面抛光。

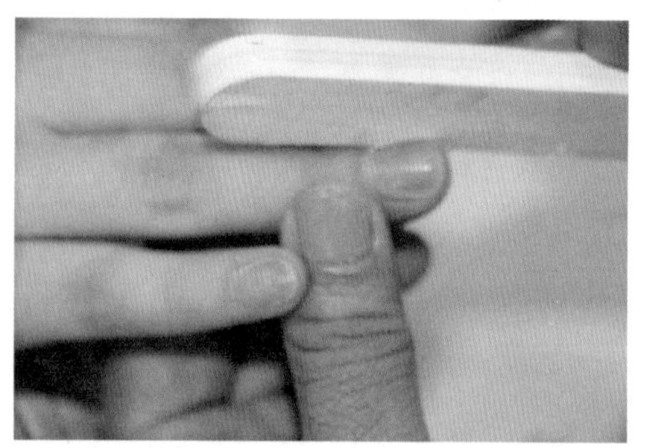

7. 用双面锉粗面对甲面继续进行抛光处理。

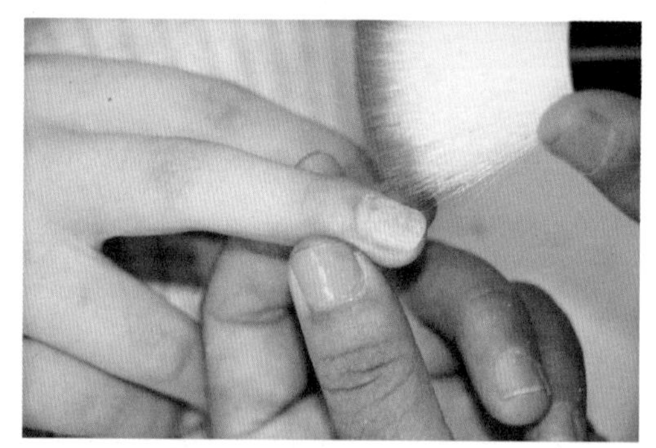

8. 用粉尘刷清除甲面上的粉尘。

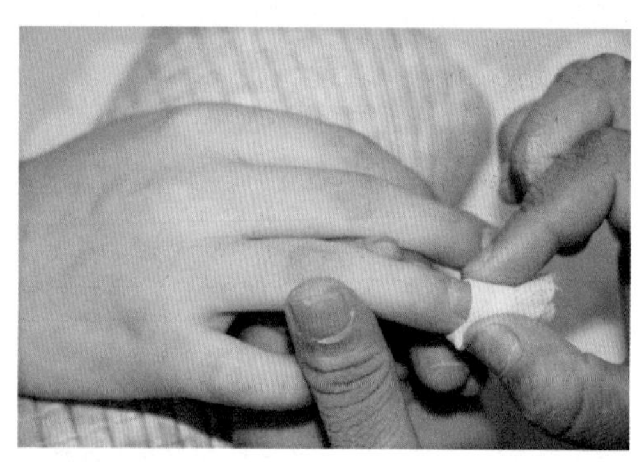

9. 用浸湿的棉片擦干净整个甲面。

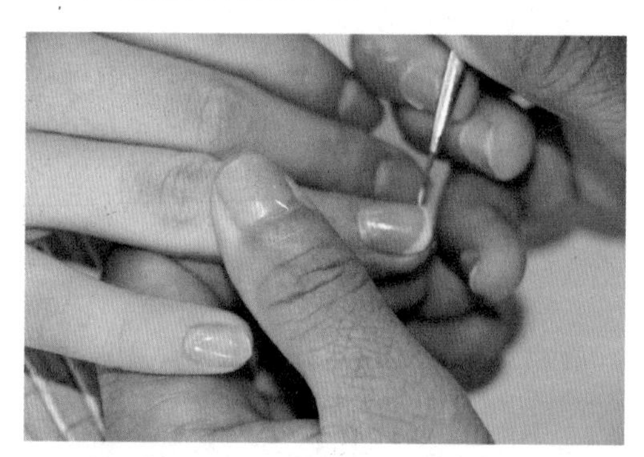

10. 用描笔蘸取白色甲油胶，顺着指甲前缘细细地绘制一条"微笑线"。

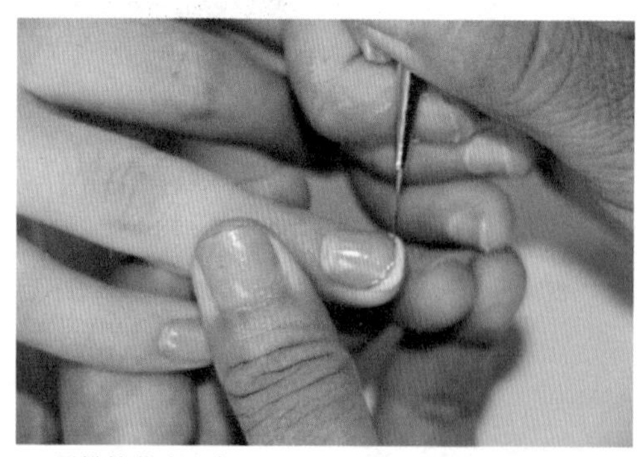

11. 用描笔蘸取金色小彩胶，顺着紧挨着"微笑线"的上方细细地描画。

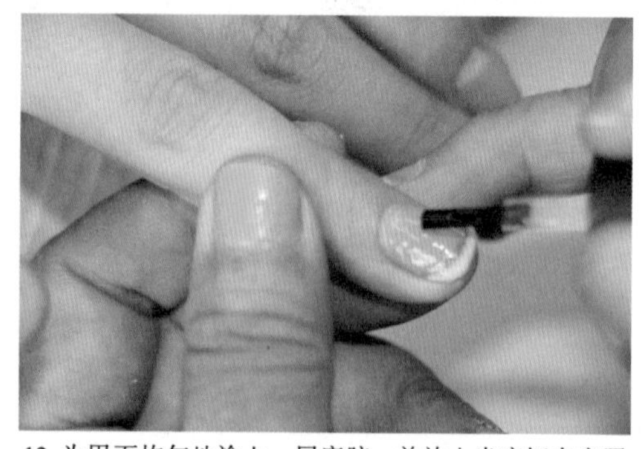

12. 为甲面均匀地涂上一层底胶，并放入光疗灯中光照30秒。

图 8-46　法式水晶甲的制作步骤（续）

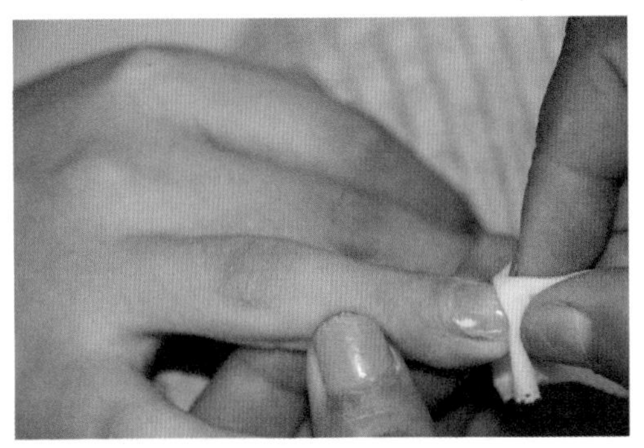

13. 用啫喱水浸湿棉片，清洗指甲上的乳胶。

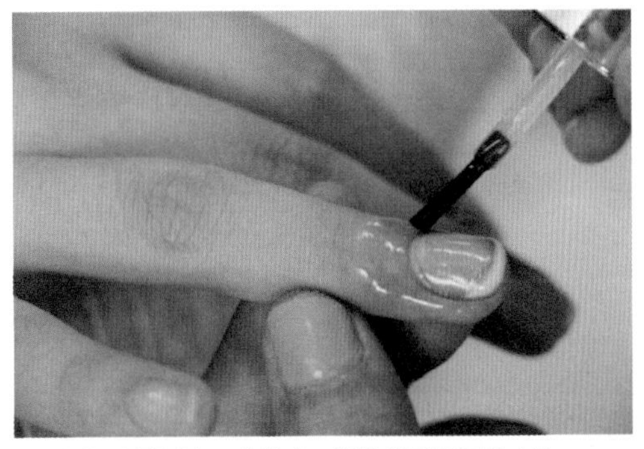

14. 在指甲周围涂上营养油，滋养指甲周围的皮肤。

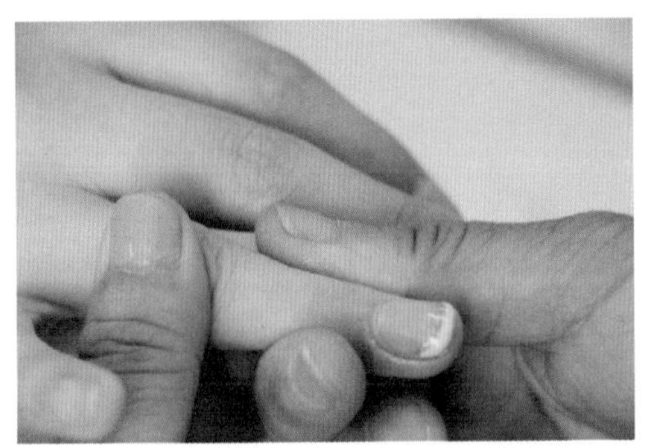

15. 对指甲周围皮肤进行按摩，使皮肤充分吸收营养油。

图 8-46　法式水晶甲的制作步骤（续）

举报电话：（010）88254396；（010）88258888
传　　真：（010）88254397
E-mail：　dbqq@phei.com.cn
通信地址：北京市海淀区万寿路 173 信箱
　　　　　电子工业出版社总编办公室
邮　　编：100036